当我点击时，算法在想什么？

[瑞典] 大卫·萨普特 David Sumpter 著

易文波 译

OUTNUMBERED

中国科学技术出版社

·北 京·

Outnumbered: From Facebook and Google to Fake News and Filter bubbles – The Algorithms
That Control Our Lives

Copyright © 2018 by David Sumpter

Simplified Chinese edition copyright © 2025 by Grand China Publishing House

Published by arranged with Bloomsbury Publishing PLC through Big Apple Agency, Inc

Lauban, Malaysia.

本书中文简体字版通过 **Grand China Publishing House**（中资出版社）授权中国科学技术出版社在中国大陆地区出版并独家发行。未经出版者书面许可，不得以任何方式抄袭、节录或翻印本书的任何部分。

北京市版权局著作权合同登记　图字：01-2024-2781

图书在版编目（ＣＩＰ）数据

当我点击时，算法在想什么？／（瑞典）大卫·萨普特（David Sumpter）著；易文波译 . -- 北京：中国科学技术出版社，2025. 1. -- ISBN 978-7-5236-0961-3

Ⅰ . TP301.6

中国国家版本馆 CIP 数据核字第 2024DW5068 号

执行策划	黄　河　桂　林	
责任编辑	申永刚	
策划编辑	申永刚	
特约编辑	汤礼谦	
版式设计	吴　颖	
封面设计	东合社	
责任印制	李晓霖	

出　　版	中国科学技术出版社
发　　行	中国科学技术出版社有限公司
地　　址	北京市海淀区中关村南大街 16 号
邮　　编	100081
发行电话	010-62173865
传　　真	010-62173081
网　　址	http://www.cspbooks.com.cn

开　　本	787mm×1092mm　1/32
字　　数	211 千字
印　　张	10
版　　次	2025 年 1 月第 1 版
印　　次	2025 年 1 月第 1 次印刷
印　　刷	深圳市精彩印联合印务有限公司
书　　号	ISBN 978-7-5236-0961-3/TP·493
定　　价	69.80 元

（凡购买本社图书，如有缺页、倒页、脱页者，本社销售中心负责调换）

在数字生活的世界里，出于实际目的，无论我们是否乐意，我们都将成为被算法描述的人。代码每一次做出关于我们的决定，都是一个"新生成的算法真相，它不关心这个真相是否真实，但更介意它是不是一个有效的分类度量标准"。

哈佛大学伯克曼·克莱因中心研究员
《展望》年度图书《算法的力量》作者

—— 杰米·萨斯坎德 ——

OUTNUMBERED

 **本书赞誉**

《科克斯书评》(*Kirkus Reviews*)

　　《当我点击时，算法在想什么？》独具特色……对互联网数据操控的分析颇具洞察力和趣味性，对现在的流行观点抱有怀疑态度。

《金融时报》(*Financial Times*)

　　专业分析和质疑观点因萨普特在本书中展示的趣味案例而不再枯燥乏味，这些案例包括寻找街头艺术家班克西，以及训练神经网络玩《太空入侵者》游戏。

《卫报》(*The Guardian*)

　　萨普特对操纵我们数字生活的庞大系统进行了深入的思考，抽丝剥茧地解开了这些系统背后的数学秘密，清晰地向我们展示了这些看起来十分高级的运算，这些运算控制着系统输出的结果，同时也制约着这些系统本身。

约翰·默多克（John Murdoch）
数据新闻领域领军人物、《金融时报》数据新闻记者

当数以百万计的人慢慢意识到自己落入了陷阱，正在将数字生活的信息交给科技巨头时，萨普特通过采访算法研究领域的内部人士，结合引人入胜的亲自演示，向读者揭示了数据"炼金术士"的方法，并为我们验证算法是否真的像他们吹嘘的那样无所不能。

蒂曼德拉·哈克尼斯（Timandra Harkness）
英国皇家统计学会理事会成员、《显著性》期刊编辑委员会主席

你一定听说过有些算法能够操控你的生活，所以你很可能想要知道两件事：算法是如何操控你的生活的？对于这种操控，我们到底应不应该担心？萨普特以坦诚的态度和大多数人未曾接触的深度知识回答了这两个问题。

凯特·耶茨（Kit Yates）
英国巴斯大学数学生物学中心联合主任、数学科学系高级讲师

《当我点击时，算法在想什么？》是一本关于数学在现实世界中如何应用的一流作品，写得十分引人入胜。每一章都讲述了一个回味无穷的故事，而萨普特热情和诙谐的风格也表明，数学家不仅仅是一台把咖啡变成定理的机器。

林永青
价值中国新经济智库总裁

人们容易望文生义："算法指高效的方法？"说小了！数字时代，算法不只是认识论产物，也是本体论存在。哲学家维特根斯坦论断："世界不是事物的总和，而是事实的总和。"我以算法语言 OWL（本体 - 网络 - 语言）为例，维氏哲学算法版一定是："算法形成结构，结构决定行为，行为发生事实，事实成就世界。"

潘启雯
专栏作者，畅销书作家、著有《智识的冒险》《欲望的边界》

在《当我点击时，算法在想什么？》中，大卫·萨普特带着某种焦虑、不安和恐惧，对操纵我们数字生活的庞大系统进行了深入思考，进而引领我们展开了一段有关"算法"的趣味旅程。

科学技术的危机

《卫报》

一位数学家认为，算法无法操控我们，因为我们远比算法聪明。但数学没有道破我们所面临的危机。

我们被困在过滤气泡中难以脱身

道格拉斯·亚当斯（Douglas Adams）在《银河系漫游指南》一书中写道："宇宙浩瀚无垠，广阔得让你难以置信、叹为观止。你可能会觉得去药店的路远得走不到头，但我告诉你，这段距离在宇宙中微不足道。"在我读萨普特的《当我点击时，算法在想什么？》时，亚当斯的话不断在我脑海中回响。

本书旨在对管理着我们数字生活的系统的全貌一探究竟。仅仅是几组简单的数字就足以让你晕头转向：脸书拥有 20 亿用户，他们每小时会写下上千万篇帖子，还有数以百万计的照片、点赞和互相关注，脸书利用这些数据在数百个维度上对我们进行建模。在这种模型面前，我们人类的大脑显得微不足道，因为我们的大脑最多只能具象化 4 个维度。

同样地，谷歌翻译（Google Translate）的系统能将几百种语言分解成多维词义矩阵，这些矩阵会创造出我们无法理解的、只属于它们自己的形而上语言，并将各种语言的内隐偏见包含其中。

这些系统的设计初衷是理解词语和概念之间的相互关系，然而我们在其中输入英国最常用的婴儿名字时，将会得到这样的答案："奥利弗之于聪明正如奥莉薇娅之于活泼。"作者由此表达了他的担忧："我们后代的性别角色已经被算法提前设定好了。"

作为一位应用数学教授，萨普特对此类问题的本能反应是在数学模型中对它们进行重建，然后消除导致这些问题的因素。在这个过程中，我们对算法难以言喻的恐惧或许能够得到缓解。他使用了大量论文中的原始数据，抽丝剥茧地解开了这些系统背后的数学秘密，清晰地向我们展示了这些看起来十分高级的运算，这些运算控制着系统输出的结果，同时也制约着这些系统本身。

采用复杂的回归模型拟合脸书的数十亿个"赞"，这种做法本身无可指摘，但其结果却并不那么值得称道：没错，"民主党人士比共和党人士更有可能喜欢哈利·波特（Harry Potter）"，但"这并不一定意味着其他哈利·波特粉丝都是民主党人士"。

作者采用同样严肃的方法颠覆了那些我们懒于认真思考的常见论断:我们都在被假新闻愚弄、被困在不断强化偏见的过滤气泡中难以脱身等。我们显然还没有愚蠢到看不出问题的地步。

并非只有所谓的"社交媒体傻瓜"在承受这种压力。萨普特不断以其他系统作为例证,粉碎了当前社交媒体将悲哀都归咎于脸书等网络巨头的谬论。

作为学术论文搜索引擎的谷歌学术(Google Scholar)也会根据每篇论文的被引用次数来对其学术影响力进行排名,致使科学家对热门的研究领域趋之若鹜,科研经费也一哄而上投入其中,而那些真正可能改变世界的研究却可能因为没有足够的资金支持而止步不前,甚至胎死腹中。在线预测市场中的那些所谓的专家也只不过是滥竽充数,其预测水平和普通人并无差别,得出的投票预测数据和胡猜没什么区别。

萨普特举了一个又一个例子,旨在告诉我们,不管是在精英群体中还是在更易接近但自我意识稍弱的普通民众中,过滤气泡、肤浅的排序机制和算法推荐的毒害都有迹可循。

然而,它们的危害程度并不像媒体向我们灌输的那么严重:"只要有时间,我们科学家仍然可以把研究做好。我遇到的大多数科学家都是出于对真理的永恒追求和对正确答案的真切渴望而献身科学的。"

现实社会中的歧视问题需要优先被解决

本书的面世适逢其时，书中的调查研究让作者早在公众对剑桥分析公司（Cambridge Analytica）的愤怒彻底爆发之前，就开始质疑这家企业的角色，并且想尽办法采访到了该公司的首席研究员亚历山大·科岗（Alexander Kogan）。

作者最终认为剑桥分析公司在美国大选中所起的作用微不足道。他写道，我们之所以相信剑桥分析公司的方法行之有效，更多的是因为我们相信了该公司管理层的夸张宣传，而并不关心其背后的数学支持是否牢固可靠。

但是仅仅关注数学本身会使我们片面地看待这些新兴的复杂系统在日常生活中所起的作用。作者深度探究了美国和法国选举期间的假新闻背后的数学逻辑，以及机器人在英国脱欧公投中扮演的角色，却忽略了更值得我们担忧的问题，比如肯尼亚、斯里兰卡或缅甸等国家的网络仇恨言论所带来的影响。后者不是误用数学的结果，而是这一趋势的后果：受技术决定论所造成的文化盲区的影响，人们往往只关注主流社会和发达国家，却对其他国家和地区的情况视而不见。

脸书和谷歌的研发人员拥有美好的初衷，他们相信在一种情境下能有效运行的算法到了另外一种情境下同样会有效运行，但他们未能预见这些平台会被别有用心的政治煽动者利用，或者被用来监控整个国家、审查每个网民。凡此种种，都让人不得不怀疑：也许我们遭遇的算法危机根本就不只是一个数学问题。

当然数学家们也不难意识到这一点，而且萨普特还煞费苦心地强调了自己作为数学家的优势和局限性。他的上一本书《足球数学》（Soccermatics）带领我们在美妙的足球运动所蕴藏的数学逻辑中进行了一次引人入胜的有趣探索。

我们都知道，足球毕竟只是一项体育运动，尽管充满了喧嚣与愤怒、机会与混乱，但它终归还是由两个半球缝合而成的。球员的目标只有一个，那就是进球。量化球场上发生的事情虽然有些难度，但很可行。可球场外所发生的事件无法被量化，而相信可以量化的人也遭遇了数不胜数的意外后果。

尽管萨普特一直坚持认为，在当今的算法系统中，人类的监管必不可少，但他的分析似乎无法解释捣蛋鬼的行为，以及那些无视所有证据，继续生活在阴谋论、偏见和权力欲中的人的行为。正如一位研究人员指出的那样，对于语言翻译系统中的偏见，"如果不首先解决现实社会中的种族主义和性别歧视问题，就没有办法真正解决由无监督学习造成的问题"。

在本书的开头，有一段简短的文字提到了谷歌开发的一款能在"油管"（YouTube）上生成定向广告的软件。这款软件可以让品牌根据用户的个人资料在视频中插入文字和图片，将其广告生成为无数种不同版本，进而增强品牌的影响力。

这款软件的名字叫沃冈（Vogon）——毫无疑问这是道格拉斯·亚当斯创造的，他用这个名字来称呼那些要毁灭地球的像鼻涕虫一样的外星人："沃冈人是银河系中最不令人愉快的种族之一，但事实上他们并非邪恶的种族，而是脾气暴躁、官僚作风严重、爱管闲事并且冷酷无情的种族。"

理解这些复杂系统背后的数学原理会让你受益良多，而作者真诚的叙述同样揭示了它们的局限性。但是，再多的数学知识也无法帮助我们重新获得日渐失去的生活主动权，也无法击败那些故意利用数学的复杂性来对付我们的人。

目 录

OUTNUMBERED

第一部分　算法在监视我们

互联网如何收集、分析并应用个人数据
来塑造我们的数字生活？

第二部分 算法想控制我们

个人信息的大数据如何影响和塑造
我们的情绪反应与行为模式?

第三部分　算法想取代我们

人类能否与人工智能实现互利共生的和谐共存?

第一部分

算法在监视我们

OUTNUMBERED

互联网如何收集、分析并应用个人数据

来塑造我们的数字生活？

——— 拉里·佩奇 ———

谷歌母公司 Alphabet 的联合创始人兼首席执行官

人工智能将成为终极版的谷歌。因此，我们会拥有最终的搜索引擎，可以理解网络中的一切。这种搜索引擎将能够确切地理解你们所想的一切，而且还能够给你们提供一切正确的东西。

OUTNUMBERED

第1章

数学怎会侵蚀我们的道德品质？

2016 年 3 月，三位来自伦敦的研究员和一位来自美国得克萨斯州的犯罪学家在《空间科学》(*Journal of Spatial Science*) 期刊上发表了一篇论文。文章以枯燥、学究的方式呈现研究方法，但论文本身并不深奥和抽象。文章标题开宗明义："寻找班克西（Banksy）——地理侧写（Geographic Profiling）[①] 解开现代艺术之谜"。也就是通过数学来追踪世界上最负盛名的涂鸦艺术家。

研究人员首先通过班克西的网站来找到他街头作品的位置。之后他们系统地造访班克西的所有画作，包括出现在伦敦和他家乡布里斯托的涂鸦，并用 GPS 记录下它们的位置。采集到这些数据后，研究人员绘制了一个热图。假定班克西通常在家附近进行创作，那么热图上色调更亮的区域就表示班克西很有可能曾在此生活。

在伦敦的地理热点图上，最热的区域距离某人前女友的旧居仅

[①] 地理侧写其实是一种刑事调查方法，通过分析连环杀人或强奸案件发生的位置，以确定最可能的犯罪者所居住的区域。——译者注（本书注释无特别说明皆为译者注，下同）

500 米。此前有人猜测，这位神秘人物可能就是街头艺术家班克西。同样，在布里斯托的热点图中，最热的区域恰好位于此人曾经的住所和他效力过的足球队球场附近。因此，文章推断，这位与地理侧写特征相匹配的人物极有可能是班克西本人。

刚读到这篇文章时，我的感受和看到同行做出一些成绩时的大多数学者一样五味杂陈，既觉得有趣，又感到嫉妒。这项研究是对数学的聪明应用。这正是我孜孜以求的应用数学：充分发挥想象力，然后合理运用数学方法。真希望做这项研究的是我本人。

但接着读下去的时候，我开始有些不舒服了。我喜欢班克西，在我的咖啡桌上就放着一本他的涂鸦作品集，书中还有他的俏皮话语录。我还曾徜徉于伦敦的街头巷尾，寻觅他的墙上涂鸦。曾经有个视频展示的是他意义非凡的艺术作品在纽约中央公园货摊上无人问津的情景，我不禁对此开怀大笑。他在约旦河西岸和法国加来移民营的作品，让我对自己享有的特权深感不安，提醒我身在福中要知福。我无须某些情感冷漠的学者用算法告诉我班克西是谁。

他之所以成为我们眼中的班克西，是因为他会在夜晚悄悄地潜入我们的街区，然后在天亮前留下艺术作品，揭示我们社会的虚伪，正所谓"事后拂衣去，深藏功与名"。

数学在摧毁艺术。冷冰冰的逻辑统计在伦敦街头追踪穿着套头衫的自由斗士，这是荒谬的。寻找班克西应该是警察和小报记者的活儿，不应该是拥有自由思想的学者们该做的。他们自作聪明，以为自己是谁？

当读到这篇关于班克西的文章时，我的作品《足球数学》快要出版了。我写这本与足球相关的书，目的是带领读者在这项奇妙的运动中开启一场数学之旅。通过这本书，我想说明一点：足球场上的结构和各种阵法里都隐藏着数学的影子。

《足球数学》出版之后，媒体对它满怀兴趣，每天都要求我接受采访。大多数情况下，记者们和我一样为足球里蕴藏的数学奥秘而着迷，但也不断向我抛出一个不那么容易回答的问题。记者们告诉我，读者很想知道我是否认为足球中蕴含的数学夺去了这项运动的激情。

"当然没有！"我有些愤怒地回答。我解释，足球这项博大精深的运动有足够的空间让逻辑思维和激情并行不悖。

但是，通过数学找出班克西难道就没有夺走他艺术作品的一丝神秘感吗？可笑的是，我也将数学用在了足球上面。或许，我对足球的了解与那些从事空间统计的学者对街头涂鸦所做的研究没有本质上的区别。

谷歌掌握你的个人医疗数据，你是否能接受？

2016 年 5 月底，谷歌邀请我到其伦敦总部，做一个关于足球里蕴藏着的数学奥秘的演讲。演讲是由《足球数学》的编辑丽贝卡安排的，我们都很想参观一下谷歌的研究部门。

谷歌果然没有让我们失望。他们的办公室非常好找，就坐落在白金汉宫街上，大堂里耸立着高大的乐高模型，冰箱里塞满了保健饮料和超能食品。他们称自己为"谷歌人"，显而易见，他们对自己的办公环境非常满意。

我向一些谷歌人询问公司目前的情况。此前我就听说过自动驾驶汽车、谷歌眼镜、隐形眼镜、送货上门的无人机，以及向我们的身体注射纳米颗粒来检测疾病的传闻，我想知道有关它们的更多信息。

但是谷歌人戒备心很强。谷歌的创新活动曾经因为采纳了一些过于疯狂的创意而招致批评，后续的公关活动还不太成功。在这之后，公司政策规定员工不能再向外界过多透露公司的情况。当时谷歌的高级技术项目负责人是雷吉娜·杜根（Regina Dugan），此前她在美国国防部高级研究计划局（Defense Advanced Research Projects Agency, DARPA）担任同样的职务。她在谷歌推行"适度知情"（need to know）的信息共享原则。研究部门目前由许多小组组成，每个小组负责各自的项目，并在小组内部共享想法和数据。

一名谷歌人禁不住我们连番的追问，终于愿意和我们聊起一个项目。据他了解，谷歌正通过 DeepMind① 来对肾衰竭进行医疗诊断。他们计划利用机器学习来发现医生漏诊的肾脏疾病的模式。DeepMind（深度思维）是谷歌的一个研究部门，它已经让一台计算机成了世界上最好的围棋选手，并开发了一种算法来精通《太空入侵者》（*Space Invaders*）等老式街机游戏的玩法。

现在，它可通过检索英国国民医疗服务系统（National Health

---

① DeepMind 是一家英国人工智能公司，创建于 2010 年。最初名称是 DeepMind 科技（DeepMind Technologies Limited），在 2014 年被谷歌收购。由这家公司研发的"阿尔法狗"打败了中国的围棋冠军柯洁。

Service, NHS）的患者诊断记录，找出疾病发生的模式。未来，DeepMind 将成为医生的智能计算助手。

和我第一次读到那篇关于班克西的文章时一样，我再次觉得五味杂陈，既嫉妒谷歌人又渴望自己成为他们当中的一员，利用算法发现疾病、改善医疗保健。想象一下，如果你能借助你所擅长的技能，通过自己获得的财力和数据来执行这样的项目以拯救生命，那将是一件多么了不起的事情。

但丽贝卡不是那么激动，她说："我不确定是否希望谷歌拥有我的一切医疗数据。想到他们可能将这些医疗数据和我的其他个人数据一起结合使用，我就忧心忡忡。"

她的反应让我再度陷入思考。如今涉及健康和生活方式的数据库正在以前所未有的速度积累数据。谷歌过去一直遵守严格的数据保护原则，但泄密的风险始终存在。为了更加全面地了解我们以及我们生病的原因，未来的社会可能会要求我们将使用谷歌的搜索记录和我们的社交媒体及健康数据关联起来。

在我演讲之前，我们没有太多时间来讨论被数据所驱动的医学研究有何利弊。而当我一打开足球的话匣子，我很快就忘记了整件事情。谷歌的员工们对我的演讲很感兴趣，并且提了不少问题：最新、最先进的摄影跟踪技术是什么？通过不断地改善策略，机器学习能够取代足球经理吗？另外他们还提了一些关于数据采集和机器人足球的技术问题。

谷歌人没有问我是否认为数据剥夺了足球运动的灵魂。依我看，他们高兴还来不及。只要让球员佩戴 24 小时的健康和营养监控设备，他们就能更全面了解球员的身体状况。对于谷歌人来说，他们获得的数据越多越好。

数学杀伤性武器引发的血案

我和谷歌人有一些共同之处，正如我和研究班克西的统计学家有一些共同之处一样。在电脑上查询国民医疗服务系统的患者数据库，或者通过空间统计学追踪罪犯，当然很酷。不论是在伦敦、柏林、纽约，还是在加利福尼亚、斯德哥尔摩、上海或东京，都有和我们一样的数学极客在收集和处理数据。

我们设计算法来识别面孔、理解语言、了解我们的音乐品味；我们创建个人助理和聊天机器人来帮你排除电脑故障；我们预测选举和比赛结果；我们帮助单身人士找到理想伴侣，或帮助他们对现有的潜在交往对象一一筛选；我们尝试在脸书和推特（Twitter）[①] 上给你推送与你最为密切相关的新闻；我们确保你找到最佳的假日去处和廉价航班。我们的目的就是通过数据和算法让生活变得更美好。

但事实真的如此简单吗？数学家正在让世界变得更加美好吗？我对空间统计学家解密班克西的反应，足球记者对我《足球数学》一书中数学算法模型的反应，以及丽贝卡对谷歌使用医疗数据库的反应，并非不正常或多虑。相反，这些反应非常自然。算法的使用无处不在，

---

① 现已更名为 X。——编者注

它帮我们更好地认识这个世界。

　　但如果这意味着算法要剥夺我们所爱的东西并且夺走我们的道德品质，我们是否还愿意更透彻地认识这个世界？

　　我们开发的算法真是社会需要的吗？

　　还是只为一小部分数学极客以及他们效力的跨国公司服务？

　　当我们开发出日渐完美的人工智能（AI）后，是否存在算法接管这个世界并且主宰我们命运的风险？

　　现实世界和数学间的相互作用从来都不是非黑即白的。所有人，包括我在内，有时都会对数学产生一种误解，认为它是解决所有问题的万能钥匙。应用数学家职业性地以"数学建模循环"来看待世界。现实生活中的消费者给我们抛出一个他们想要解决的问题，这个循环就开始了。不管是找到班克西还是设计一个在线搜索引擎，我们都会拿起自己的数学工具箱，打开电脑，编写代码，找到解决方案。我们运行算法，并将其结果提供给客户。接着他们给我们反馈，然后循环继续。

　　这种转动把手、模型循环的简单方式将数学家从现实世界中抽离，使谷歌人超然物外。在带有休闲玩具和室内运动场的办公楼里工作，谷歌和脸书里绝顶聪明的员工容易产生幻觉，认为一切问题尽在他们的掌控之中。象牙塔和外界的完美隔绝意味着我们的理论不会被现实挑战。这是大错特错的。现实世界存在实际问题，为这些问题提供实际解决方案是我们义不容辞的责任。除了计算，每一个现实问题都有其复杂的方面。

在 2016 年 5 月参观谷歌之后的几个月里，欧洲和美国的时局充满了不确定性，而我也在报纸上见到了关于数学另外一面的报道：

> 谷歌搜索引擎提供带种族偏见的搜索建议；
>
> 推特上的机器人账号传播虚假新闻；
>
> 斯蒂芬·霍金（Stephen Hawking）担忧人工智能的潜在危害；
>
> 极右翼分子（极端保守主义者）在算法建立的过滤气泡[①]里结党聚集；
>
> 脸书分析我们的个性并用于锁定目标选民。

关于算法给我们带来危险的报道接二连三、层出不穷。当统计模型对英国脱欧和美国总统选举的预测失败后，人们甚至开始质疑数学家的预测能力。一夜之间，媒体对数学的报道的话题全变了，足球、爱情、婚礼、涂鸦及其他有趣的主题被性别歧视、仇恨、反乌托邦、民意调查的尴尬结果所取代。

重读那篇关于班克西的科学论文时，我读得更加仔细，并且发现

---

①过滤气泡：这个词由互联网活动家埃利·帕里策在 2010 年发明。谷歌搜索引擎的推荐算法根据个人偏好提供不同的消息，阻碍了人们认识真实世界的某些层面，这种现象被帕里策称为过滤气泡。社交媒体的出现更加加深了这个问题。

文章几乎没有提供关于班克西身份的新证据。研究人员绘制了 140 件艺术作品的确切位置，但他们只调查了一个怀疑对象的地址。英国著名小报《每日邮报》（Daily Mail）在 8 年前就已经判定这个怀疑对象就是班克西本人。《每日邮报》判断，我们的涂鸦艺术家来自郊区的一个中产家庭，而非一位如我们所愿来自工薪阶层的英雄。

文章的作者之一，史蒂夫·勒库默（Steve Le Comber）在接受英国广播公司（BBC）采访时坦陈他们重点关注《每日邮报》怀疑对象的原因。他说："很快我们就发现，靠谱的怀疑对象显而易见只有一个，而且大家都知道是谁。如果你搜索一下班克西和怀疑对象名字，你会得到大约 43 500 条搜索结果。"

在数学家着手此项研究很久之前，网络上就已经盛传班克西的真实身份。这次研究人员所做的只是将数字与这一信息联系起来，但未能真正说清楚这些数字的含义。这些科学家只验证了一个案例的一个怀疑对象。文章介绍了研究方法，但缺乏太多证据证实这些方法确实有效。

可是媒体不关心研究的局限性。《每日邮报》一篇没有凭据的传闻成了一个严肃的新闻话题，《卫报》、《经济学人》（The Economist）、BBC 竞相报道。数学使传闻合理化，而且让人们相信可以通过算法来找到罪犯。

让我们将场景切换到法庭，设想一下，班克西不是因为他广受大众喜爱的街头艺术遭到指控，而是作为一个在伯明翰街道墙上绘制"伊斯兰国"恐怖组织宣传画的人而被控告。继续想象一下，警方在做了一点背景调查后，发现嫌疑人从伊斯兰堡搬到伯明翰后，涂鸦才开始涌现。但他们不能在法庭上采用这一调查结果，因为它不是证据。

那么现在警方可以怎么做呢？很简单，他们可以叫数学家来帮忙。运用算法，警方的统计专家预测班克西有 65.2% 的可能性就住在某栋屋子里，接着反恐特别行动队破门而入。一周之后，班克西就会根据预防恐怖主义方案遭到软禁。

按照史蒂夫及其同事在他们的文章中提出的对研究结果的使用方法，上述情景的发生并非遥不可及。他写道，寻找班克西"证明了以前的想法是可行的——对涉及恐怖主义的轻微行为（比如涂鸦）进行分析，可以帮我们锁定恐怖分子基地，将恐怖行动扼杀在摇篮之中"。数学武器一朝在手，班克西便能被指控、定罪。过去在间接证据里都非常弱的统计数据现在却成了强有力的实证。

然而，潘多拉的盒子这才刚刚打开。在成功找出班克西后，私营企业会争先恐后地与警方签订合同，为其提供基于统计数据的建议。在获得首个合同后，谷歌会将警方的全部记录输入"DeepMind"，以便找出潜在的恐怖分子。

若干年后，政府将在公众的支持下引进"常识"措施，把我们的网页搜索数据和谷歌的警方记录数据库进行整合，"人工智能警官"就能够这样被创造出来。它们会通过我们的搜索和浏览数据推断我们的动机和未来行为。每个"人工智能警官"会配备一个行动小组，以便他们在深夜对潜在的恐怖分子发起突袭。这种黑暗的数学未来正以骇人的速度接近你我。

在展开长篇大论之前，我们就已经察觉到数学不仅会大煞风景，还会侵蚀我们的道德品质。它在给花边小报的流言蜚语提供合法性，它在诬告伯明翰公民进行恐怖活动，它还在帮助大量不负责任的公司积累海量的数据，建立超级大脑，监视我们的行为。这些问题到底有多严重？这些场景到底有多现实？为了找出答案，除了应用我唯一掌握的方法之外，我别无选择。这个方法就是审视数据，统计数据，并且进行数学运算。

第 2 章

算法无处不在，我们却对它一无所知

从数学解密班克西身份的文章中回过神来之后，我意识到此前我对算法会给社会带来多大规模的改变认识不足。但我需要说明，我并没有错过数学的发展。机器学习、统计模型、人工智能都是我的研究范畴，也是我和同事们日常交流的话题。我阅读最新的文章，紧跟学科的各项重大突破。但我关注的是事物的科学一面，研究抽象的算法如何工作。之前我没有严肃地去考虑这些算法应用有可能带来的后果，也没有想过我开发的工具正在如何改变这个社会。

无人监管的黑箱算法操控着我们

我不是唯一意识到这个问题的数学家，而且跟我对班克西身份被解密的杞人忧天比起来，我的一些同行发现了真正值得担忧的事情。2016 年末，数学家凯西·奥尼尔（Cathy O'Neil）出版了她的书《算法霸权》（*Weapons of Math Destruction*），书中阐述了我们对算法无处不在的滥用，从评估老师的教学成果、在线推销大学课程，到提供民间信贷、预测回到社会的犯人再次犯罪的可能性。她的结论有些让人毛骨悚然：算法随心所欲地做出与我们有关的决定，根据的仅仅是一些可疑的假设和不准确的数据。

一年之前，马里兰大学法学教授法兰克·帕斯夸里（Frank Pasquale）出版了他的书《黑箱社会》（*The Black Box Society*）。他认为：

> 一方面，我们的私人生活在逐渐公开化。我们在线分享我们的生活方式、我们的抱负、我们的行为举止和我们的在线社交；而另一方面，却没有人监督华尔街和硅谷公司用来分析我们的工具。

黑箱影响着我们看到的信息、做着关于我们的种种决定，而这些算法的运作方式我们却无从知晓。

在网上，我发现了一个由数据科学工作者组成的非官方组织。他们直面这些挑战，分析算法在社会中的应用方式。

这些活动家最关注数据的透明性和潜在的偏见。当你上网时，谷歌会收集你浏览过的网站信息，并用这些数据来决定给你推送什么广告。如果搜索"西班牙"，过几天你就会收到吸引你去那里度假的广告；如果搜索"足球"，那么你将开始在自己的电脑屏幕上看到越来越多的博彩网址。而如果你在搜索引擎中输入"黑箱算法的危险"，那么你会被跳转到订购《纽约时报》（*New York Times*）的链接。

随着时间的推移，谷歌会建立一幅你的兴趣全景图，并对它们进行分类。通过谷歌账户上的"广告设置"页面，你可以很容易地发现它是怎么推断出这么多关于你的信息的。当我打开这些设置的时候，我发现谷歌对我确实有所了解：足球、政治、在线社区和户外运动都被正确地定义为我喜欢的东西。

但是谷歌推送的其他一些话题就没那么准确了：它认为我喜欢橄榄球和骑自行车，但我对这两项运动并没有真正的兴趣。我觉得我必须改正它，于是在广告设置中勾选了我不想知道的运动，然后把我真正喜欢的话题——数学添加到列表中。

在美国宾夕法尼亚州的卡耐基·梅隆大学，阿密特·达塔（Amit Datta）博士和他的同事们进行了一系列实验，以精确评估谷歌如何对我们进行分类。他们设计了一个自动化工具，它可以创建谷歌的"代理"，让它们打开预先设置的网页。然后，这些代理会访问与特定主题相关的网站，研究人员随后可以查看谷歌给代理显示的广告和广告设置中的变化。当代理们浏览与药物滥用有关的网站时，谷歌会向它们展示戒毒中心的广告。

类似地，浏览与残疾相关网站的代理更有可能被展示轮椅广告。不过，谷歌对我们并不完全诚实。在任何情况下，谷歌都不会更新这些代理的广告设置，也不会告诉这些代理谷歌的算法对它们得出的结论。即使我们使用我们的设置，告诉谷歌我们希望被展示和不被展示哪些广告，它也会自作主张地决定向我们展示什么。

一些读者如果知道谷歌并没有改变其展示给浏览成人网站的代理

的广告，那么他们可能会很有兴趣。当我问阿密特，这是否意味着用户可以无所顾忌地搜索色情内容，而不增加其他时候在屏幕上弹出色情广告的可能性时，他建议还是小心为上："谷歌可能会在我们没有浏览过的其他网站上改变广告。因此，少儿不宜的谷歌广告可能会在你浏览其他网站时弹出。"

包括谷歌、雅虎、脸书、微软和苹果在内的所有互联网巨头都会预测我们的兴趣并进行用户画像，并利用这些信息来决定展示给我们什么广告。这些服务在一定程度上是透明的，允许用户查看他们的设置。虽然这些公司向我们了解他们是否正确理解了我们的品味，是对他们有利的，但他们绝对没有将他们对我们的全部了解和盘托出。

给重定向广告加点"噪声"

安吉拉·古拉马塔斯(Angela Grammatas)是一名市场分析程序员，她强调说目前重定向广告极其高效。**重定向广告是一个技术术语，指的是采用搜索历史来决定展示给用户何种产品的在线广告。**她告诉我，金宝汤(Campbell)公司的 SoupTube 宣传活动采用了谷歌的沃冈系统，向用户展示同一个广告中最符合他们兴趣的一个版本，也就是说不同用户会看到不同版本的广告。谷歌表示，这个宣传活动将销售额提升了 55%。

安吉拉对我说，谷歌的手段还算温和，相比之下，脸书点赞按钮的广告定向能力则蛮横得有些吓人，你的点赞行为透露了你很多个人信息。最令安吉拉担心的是美国更改了一项法律，容许互联网服务提供商（ISPs）——也就是为你的家庭提供网络的电讯公司——存储和使用客户的搜索历史记录。

与谷歌和脸书不同，互联网服务提供商几乎不会公开他们所收集的信息。互联网服务提供商可能会将你的浏览历史记录与你的家庭住址联系起来，并与第三方广告商分享你的数据。

安吉拉对这项法律的更改忧心忡忡，因此创建了一个网络浏览器插件，以防止互联网服务提供商或其他任何人收集他们用户的有用数据。她称这个插件为"噪声"。顾名思义，它的作用就是产生浏览噪声。当她浏览她喜欢的网站时，"噪声"就会在后台工作并随机浏览排名前 40 位的新闻网站。如此一来，互联网服务提供商就没有办法知道安吉拉对哪些网站感兴趣，对哪些网站不感兴趣。

使用了这个插件之后，她的浏览器中显示的广告发生了明显的变化。"突然间，我看到了铺天盖地的福克斯新闻（Fox News）的广告……"她告诉我，"这与之前自由派媒体的过滤气泡简直是两个世界。"安吉拉婚姻幸福美满，却收到了大量的结婚礼服广告。"噪声"让她的浏览器再也不知道她是谁了。

我发现安吉拉的做法非常有趣。对于公司如何使用我们的数据，她的态度其实很分裂。安吉拉的日常工作是制作有效的重定向广告，而且她显然非常擅长自己的专业工作，并确信她是在帮助人们找到他们想要的产品。但在业余时间，她却创建了一个插件，屏蔽掉了这些定向广告，并将这个插件免费提供给任何想要使用它的人。

"如果我们都使用'噪声'，"她在插件的网页上写道，"公司和各种利益团体就失去了透视我们的能力。"她告诉我，她这么做是为了增加人们对在线广告运作方式的认识和讨论。

尽管安吉拉的做法看起来很矛盾，但我多少可以理解这一行为背后的逻辑。毫无疑问，许多不易察觉的歧视现象需要我们去发现并加以制止，一些关于短期借贷和"野鸡大学"文凭的定向广告也确实不合道德，而且我们的网页浏览器有时还会对我们做出一些奇怪的判断。

但是通常情况下，重定向广告的效果还是相对较好的，我们大多数人并不介意收到一些我们可能感兴趣的产品的广告。在向我们介绍现代广告的运作方式这一点上，安吉拉做得很对。而认识向我们推销产品的算法并确保互联网服务供应商尊重我们的权利，则是我们自己的责任了。

算法有时也会产生歧视

算法得出的结论也可能是歧视性的。为了调查性别偏见，阿密特和他的同事们让 500 名"男性"代理（它们的性别设定为男性）和 500 名"女性"代理浏览一组预先设定好的与工作相关的网站。上网结束之后，研究人员查看了浏览器向代理展示的广告。

尽管浏览历史记录相似，但"男性"代理更有可能被展示来自 careerchange.com 网站上的一则特定广告，标题是《年薪 20 万以上的工作——仅限高管》。"女性"代理则更有可能被展示一般招聘网站的广告。这类歧视明目张胆，而且可能违反了法律。

运营 careerchange.com 网站的公司总裁华夫勒斯·皮·纳图斯（Waffles Pi Natusch）告诉《匹兹堡邮报》（*Pittsburgh Post-Gazette*），他不清楚广告为什么会严重地偏向男性，但承认公司的一些广告偏好（有高管经验、年龄 45 岁以上、年薪 10 万美元以上）可能导致谷歌的算法朝这个方向发展。这个解释很奇怪，因为参与实验的代理除了性别不一样，薪水和年龄并无不同。所以答案要么是谷歌的广告算法直接或间接地将男性和高管高薪关联，要么就是 careerchange.com 网站无意中勾选了将广告锁定男性的选项。

阿密特和同事们的调查到这里结束了。他们告诉我，到了他们发布研究论文的时候谷歌还没有回应。但这家网络巨头改变了它的界面，阿密特和他的同事们再也无法进行代理实验了。黑箱被永远地关上了。

在过去的两年里，来自非营利性新闻编辑室 ProPublica[①] 的朱莉娅·安格温（Julia Angwin）和她的同事们在一系列关于算法偏见的文章中揭露了大量的黑箱现象。综合从佛罗里达州的 7 000 多名刑事被告身上收集到的数据后，朱莉娅证明，美国司法系统广泛使用的一种算法对非裔美国人持有偏见。即便该算法已经将罪犯的年龄、性别、犯罪史和未来的犯罪行为一并考虑在内，他们仍然发现这一算法将非裔美国人划分到高风险犯罪类别的可能性要高出其他族裔 45%。

---

① ProPublica 是一家针对美国社会公共兴趣进行调查报道的独立非营利机构。

　　这样的歧视并不仅限于司法系统。在 ProPublica 的另一项研究中，朱莉娅在脸书上投放了一则广告，目标是"首次购房者"和"可能搬家的人"，但与"非裔美国人"、"亚裔美国人"或"拉美裔"具有"种族相似性"（ethnic affinity）的人则被排除在外。尽管这则广告违反了美国的《公平住房法》（*Fair House Act*），但脸书还是接受并发布了它。将某些群体排除在外，即使基于他们的"种族相似性"（脸书通过查看用户浏览的页面和参与互动的帖子来衡量）而不是他们实际所属的种族，也是一种歧视。

　　许多数据新闻[①]记者和科学家们参与到调查这些问题的运动中，ProPublica 的记者只是其中一分子。麻省理工学院研究生乔伊·波拉姆维尼（Joy Buolamwini）发现现代面部识别技术无法识别她的脸，所以她开始收集更加种族多样化的面孔数据，用以训练和提升未来的识别系统；北卡罗来纳州伊隆大学的乔纳森·奥尔布赖特（Jonathan Albright）在调查谷歌的搜索引擎使用的数据，试图理解为什么它的自动完成建议[②]经常给出带有种族主义和冒犯意味的结果；加利福尼亚州伯克利大学的詹娜·伯勒尔（Jenna Burrell）对自己电子邮箱中的垃圾邮件过滤器进行了逆向工程，以确定它是否明确歧视尼日利亚人（在本次调查中它并没有歧视尼日利亚人）。

　　这些研究人员和安吉拉·古拉马塔斯、阿密特·达塔、凯西·奥

---

① 数据新闻指的是用计算机辅助的新闻报道。在数据新闻中，观点通常有数据支撑，以数据可视化的形式来展示。
② 自动完成建议也称为自动补全搜索建议，这个功能可以根据用户的输入值对网站进行搜索和过滤，让用户迅速地从预设值列表中选择。

尼尔以及其他很多人一道，在坚定不移地监督网络巨头和安保产业开发的算法。他们在线上资源库中公开分享他们的数据和代码，如此一来其他人就可以下载并了解他们是如何工作的。他们中的许多人在业余时间进行研究，利用他们作为程序员、学者和统计学家的专长来了解算法如何重塑世界。

对算法进行解析或许不如街头巷尾的班克西作品那样广受人们喜爱，但这些活动家努力工作并将研究成果与大众共享，比谷歌伦敦总部的短视及其研究小组的故作神秘给我留下了更加深刻的印象。

这个运动的效果立竿见影。脸书做出了一些改变，不再接受类似朱莉娅·安格温投放的那些广告。在《卫报》发表了一篇揭露算法偏见的文章之后，谷歌改进了自动完成建议，不再提供涉及反犹主义、性别歧视或种族主义的搜索建议。尽管阿密特·达塔的工作没有从谷歌得到积极的回应，但他已经和微软达成协议，帮助微软找到在线招聘广告中存在的歧视。实干正在带来变化。

第 3 章

你以为自己了解朋友?
算法比你更懂他们

我可能不是正统的活动家,我是一名应用数学教授,供职于科研机构。作为英国中产阶级的一员、两个孩子的中年父亲,早年间我为了逃离祖国的政治动荡,来到瑞典寻找平静的生活。我对算法的发展稍有贡献,这也是我被邀请到谷歌演讲的原因。

在每天的工作中,我都通过数学来更好地理解我们的社会行为,解释我们如何互动,并找出这些互动的结果,但我很少为政治问题发声。和安吉拉·格拉玛塔斯以及像她一样的人交流,让我觉得我的思想被禁锢在了我的笔记本电脑里而置实际问题于不顾。

算法的崛起正值欧洲和美国的政局越来越不稳定的时期。这些变化让许多人束手无策。几乎每一则新闻报道,从唐纳德·特朗普(Donald Trump)在他竞选期间利用政治顾问公司剑桥分析[①]来影响

[①] 剑桥分析公司是一家进行资料勘探及数据分析的私人控股公司。2018 年 3 月以不当方式取得 5 000 万脸书用户数据而闻名。丑闻曝光后客户和供应商大量流失、内外部调查和诉讼费用不断上涨,2018 年 5 月 2 日剑桥分析公司宣布"立即停止所有营运",并在英国和美国申请破产。

选民，到统计学家对英国脱欧公投预测的失败，这些重大事件无一不牵涉到算法。人们想知道在这些用来评估和影响我们的黑箱里到底发生了什么，而当我听我的朋友谈论或看到他们在推特上讨论这些问题时，我却发现自己无法给他们一个准确的答案。

一张家庭照片怎样透露你的个人信息？

"黑箱"这个词由法兰克·帕斯夸里在他的著作《黑箱社会》提出，ProPublica 在其关于算法的系列文章和视频短片《破解黑箱》（*Breaking the Black Box*）中也提到了它。它呈现了一个很有冲击力的画面：你输入数据，等待模型处理，得到答案，却看不见里面发生了什么。预测犯过罪的人是否会再次犯罪是由黑箱执行的，脸书和谷歌广告也是通过黑箱生成的，追寻班克西仍是由黑箱来完成的。

以上事实会让我们产生一种无助感，一种我们无法了解算法对我们的数据到底做了什么的感觉。但这种感觉也可能存在误导性，我们可以，并且也应该看看算法内部的情况。就算法而言，我认为我应该有所作为，研究一下我们社会中使用的算法黑箱，看看它们是如何工作的。我可能算不上是一个活动家，但我可以回答人们关于社会变化的一些问题。

说干就干。

我想到安吉拉·格拉玛塔斯告诉过我脸书是最了解我们的网站，所以这家社交媒体巨头是我调查算法如何对我们进行分类的最佳起点。

我需要从我自信完全了解的东西开始——我自己的社交生活。通过创建朋友的黑箱模型，我应该能够了解在脸书和谷歌工作的数据科学家所采取的分类步骤。我将获得他们使用的技术的第一手经验。虽然我的模型在规模上要小得多，但方法和他们的一样。

安吉拉言之有理，我朋友的脸书页面包含了大量生活信息。我打开我的脸书动态消息，看到一个教授的更新——脾气暴躁、坐在火车上的他在抱怨司机刹车刹得太急。

此外，我还看到有人把 25 年前在学校舞厅拍摄的照片扫描并上传上来；我看到了假日快照和工作之余的开怀畅饮；我看到了有关唐纳德·特朗普的笑话、旨在改善医疗和住房现状的运动，以及对政治决策的愤怒；我看到人们吹嘘他们在工作和养儿育女方面的成功；我看到婚礼照片，以及孩子们在游泳池里快乐嬉戏的照片；从极度私人的信息到公开的政治事件，我们的脸书动态消息无所不包，你可以在这里找到一切。

我选择了 32 个脸书上的朋友，看每个人最近浏览过的 15 个帖子。我把每一个帖子归类到 13 个常见类别中的一个：家庭 / 伴侣、户外活动、工作、笑话 / 段子、产品 / 广告、政治 / 新闻、音乐 / 体育 / 电影、动物、朋友、地方事件、思想 / 观点、社会活动，以及生活方式。然后我做了一个矩阵——一个 32 行、13 列的电子表格，再填入我的朋友们在每一个分类中所发布的帖子的次数。

例如，我大学期间相识的朋友马克那行有 1 个关于他工作的帖子、8 个配有他与家人度假照片的帖子、3 个关于脱欧政策的帖子（作为一个生活在巴黎的苏格兰人，他反对脱欧）、1 个在纽约旅行的帖子、1 个标记在 2015 年 11 月巴黎恐怖袭击中自己安然无恙的帖子。

在我同事托尔比约恩（Torbjörn）的那一行，最常见的帖子（其中 5 篇）是关于诺贝尔奖晚宴的，他不仅参加了这个晚宴，还接受了瑞典电视台的采访。我把这些都算为工作相关帖，另外 2 个关于他演讲的帖子也在这一类。除了 2 个有关家庭的帖子，托尔比约恩的其他帖子都分布在不同的类别中。

为弄清楚马克、托尔比约恩以及我其他的朋友们如何平衡工作和家庭生活，我将他们的工作相关帖和生活相关帖的数量用黑点在二维坐标中做了标记，结果如图 3.1 所示：马克在左上角，他有 8 个家庭帖和 1 个工作帖；托尔比约恩在右下偏中的区域，他有 7 个工作帖和 2 个家庭帖。其他的每一个点都代表我的一个朋友，这幅图呈现了他们在这个工作和家庭 / 伴侣的二维坐标系中的位置。

我的一小部分朋友主要发工作相关帖，另一些朋友主要发家庭相关的帖子。但其中也有些人两种类型的帖子都发，还有少数人这两种类型的帖子都不发。如果将每一个帖子类型视为一个空间维度，我已经为大家展示了两个维度：第一个维度的工作帖和第二个维度的家庭 / 伴侣帖，我还可以继续展示第三个维度的户外运动帖、第四个维度的政治 / 新闻帖等。我的每一个朋友都是这 13 维空间中的一个点。

但我遇到了一个问题，当维度增加时，数据变得更加难以具象化。在我的脑海中，我无法形成一个清晰的概念，13 维空间中的一个点是什么样的。如图 3.1 所示，观察 2 个二维平面上的点不成问题。而三维空间也难不倒我：首先，我想象在一个立方体中放置的点，然后考虑当我旋转这个立方体时，这些点会如何改变位置，但我们却无法想象这些点在四维或更高维度的世界中是什么样的。我们的大脑只能想象出二维或三维空间，因为我们日常生活中经历的就是二维或者三维。

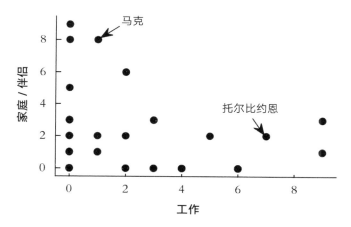

图 3.1　用工作和家庭 / 伴侣坐标系对我的朋友们进行分类

注：每一个点代表某个人在他的脸书上就一个主题发布的帖子的数量。

所以对我们这些无法理解四维或者更高维空间中的点的人来说，最简单的处理方式是使用大量的二维快照。图 3.1 是一张显示工作与家庭 / 伴侣之间关系的快照。

从其他类似的快照中，我可以看到，那些常发生活相关帖、食物相关帖和旅行相关帖的人很少发政治 / 新闻帖。这两种兴趣呈负相关：如果一个朋友喜欢上传他刚刚去过的餐馆照片，那么他往往不会发表自己对时事的看法。

但是有些类型的帖子呈正相关：我的朋友如果写作有关音乐、电影和体育的文章，那么他也会倾向于分享笑话或段子。

15 个帖子就能读懂他人的生活

将成对的数据进行比较，让我们开始对 13 维数据集的一些模式有了大概的了解，但这并不是一种特别系统的方法。我们共有多达 78 对关系要看，把它们全部绘制成二维图并加以研究需要时间。在某些情况下，关联性是多重的：一些分享笑话和段子的人，既写关于音乐和电影的文章，也分享新闻和政治，但倾向于不发生活相关帖。因此我需要一种这样的方法，它能够系统地对这些关联的重要性进行排序：找出那些最重要的、最能够体现我的朋友之间差异的关联。

我将一种称为主成分分析的方法（Principal Component Analysis，PCA）用于研究朋友的数据。**主成分分析法是一种统计方法，它可以对我原始的 13 维数据集进行旋转**[①]**以揭示帖子之间最重要的关联，其中每个帖子的类别都是单一维度。**

第一主成分（即数据中体现的最强相关性）是一条直线，往右依次为家庭 / 伴侣、生活方式和朋友，往左依次为笑话 / 段子、工作和政治 / 新闻。这些是对我的朋友们进行区分的最重要关系。有些人喜

---

① "旋转"一词在数据分析中指的是对多维数据集的数据进行浏览的过程中，通过改变维方向来从不同角度观察数据，其实也就是在多维数据集浏览器中对维度的拖动和替换。这种操作可以将多维数据集中的不同维进行交换显示，得到不同视角的数据，使研究者能够更加直观地观察数据集中不同维之间的关系。

欢发布关于他们个人生活经历的帖子，有些人则喜欢分享这个世界上和他们工作中发生的事情。

数据中第二重要的关系将工作与爱好区分开来，往上是工作和生活方式，往下是音乐／体育／电影、政治／新闻和其他关于文化的帖子。从数学的角度来说，第二主成分是一条离数据点[①]最近的直线，与第一主成分的直线呈直角。我们很难想象如何在 13 维空间中画出线条和旋转数据，但用计算机来绘制线条和执行所需的旋转则轻而易举。图 3.2 显示了我们如何在二维空间中查看 13 种不同的帖子类型。

对第一主成分最大的正贡献（图 3.2 右侧）来自家庭／伴侣类帖子，第二大则来自生活方式，第三和第四分别来自朋友和户外活动。这些帖子的共同点在于它们均与我们的个人生活息息相关，涉及的都是我们做的事情以及我们和谁一起做。对第一主成分做出负贡献的帖子来自笑话／段子、工作、音乐／体育／电影以及政治／新闻（图 3.2 左侧）。这些类型的帖子均与公共生活相关：或者与我们的工作相关，或者与新闻或时事相关。我将第一主成分称为"公共－个人"，因为它体现了我的朋友们使用脸书的差异：要么发布关于自己个人的帖子，要么对当今世界进行评论。

对第二主成分贡献最大的帖子类型是工作，其次是生活方式（见图 3.2 上半部分直线）。我在脸书上看到的许多生活相关帖都是关于朋友们完成工作后的活动——在会议结束后喝杯啤酒放松，或者在会

① 数据点是一个独立的信息单元。一般而言，任何单一事实都是数据点。在统计或分析中，数据点通常来自测量或研究，并用数字或图形表示。

议晚宴上拍照留念，因此，将这两类帖子归到一起也说得通。做出负贡献的则全部与更广泛意义上的文化领域事件有关：新闻、运动、笑话如此，社会活动和广告亦然。因此，第二主成分的最佳描述应该是"文化－工作场所"。

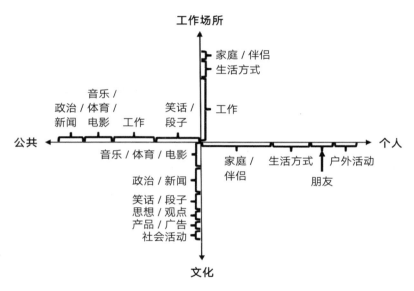

图 3.2　分析好友帖子得出的第一、第二主成分图

注：从左至右的横线是第一主成分，我标注为"公共""个人"；垂直的竖线是第二主成分，我标注为"文化""工作场所"。一个成分的贡献值（负或正）通过该成分在直线上的长度来体现。因此，家庭／伴侣是第一主成分中最重要的帖子类型。

　　请注意，虽然我将成分冠以"公共－个人""文化－工作场所"的名称，但我只是在简单地给算法生成的类别命名而已。因此是算法，而不是我，认为这些就是描述我朋友的最佳维度。

现在有了这些维度的定义，我就可以对我的朋友进行分类。他们中谁对公共生活或个人生活更感兴趣？谁更喜欢谈论与工作相关的话题，谁又更喜欢文化类话题呢？

为了找到答案，我把我的朋友放在横轴标为公共－个人、纵轴为文化－工作场所的二维坐标系中（图3.3）。当我看到这些名字弹出在我的屏幕上时，我立刻就知道这些成分的划分是有道理的。绝大多数在最右端、用小方框标记的人，比如杰西卡、马克和罗丝，都有孩子，并且很乐意分享他们孩子的信息。

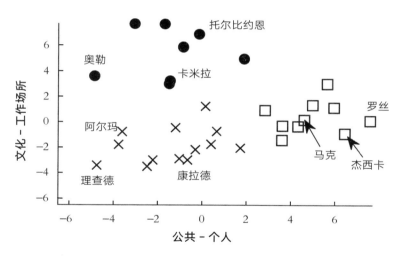

图3.3 我的朋友们在两个主成分中的分布图

注：□代表发的帖子主要关注朋友、家人和个人生活的脸书好友；╳代表发的帖子主要关注新闻、体育和时事的脸书好友；●代表发的帖子主要关注工作的脸书好友。

在我做主成分分析的时候，绝大多数在左下角、用小叉标记的人，都没有孩子，因此更多地发布关于各领域时事热点的帖子：阿尔玛关心文学、康拉德关心电脑游戏、理查德关心政治。以圆圈为标志的左上一组是典型的学者，他们的帖子关注自己的作品和最近发表的文章。

这里出现的朋友托尔比约恩是一位数学生物学家，在本书后面的章节，我还会谈到来自瑞典哥德堡的古怪数学家奥勒，他的帖子中既有与工作相关的，也有与政治相关的。

最让我惊讶的是，这种分类在很大程度上体现了我的朋友间真正的相似度和差异性。记住，我没有告诉算法我想要如何对这些人进行分类。我只是提供了 13 个宽泛的类别，是主成分分析法将它们减少到两个最相关的维度：公共－个人和文化－工作场所。这些维度合情合理，我的朋友之间最重要的区别就隐藏在这些维度中。

把我的朋友分成三种不同的类型（圆圈、小方框和小叉）也由一个算法来完成。我使用了一种叫作"k－均值聚类"（k-means clustering）的计算技术，根据不同的人在主成分分析法建立的维度里相互之间的距离来将他们分组，最终形成了三个类别：使用脸书专注于个人生活的人（小方框）、关注自己工作和与工作相关的生活方式的人（圆圈），以及用脸书来对社会事件发表评论的人（小叉）。我要求算法找出对我朋友进行分类的最有效方法，而这些就是这种方法给出的答案。主成分分析法使用数据而不是我们的先入之见对人进行分类。

被我分类过的朋友大部分同意我主成分分析法得出的结论。在我眼里卡米拉是个专注工作的人，她说这分析的确反映了她使用脸书的方式——主要分享与职业相关的信息，因为她使用其他社交媒体网站分享她与朋友的互动以及她的家庭生活情况。罗丝则恰恰相反，他告诉我："正如你的图表所显示的那样，我的脸书只是用来分享一些家庭照片。"

托尔比约恩不喜欢我把他划为"只懂工作，不懂享乐"的人，但他承认在脸书上他主要关注工作圈，而不是个人生活。

对我在脸书上关注朋友进行分类可供一笑，但把我的朋友抽象到两个维度来研究有着更严肃的意义。主成分分析和类似的数学方法是大多数对我们行为进行分类的算法的基础。预测曾经犯过罪的人是否会再次犯罪的模型中也使用了这种方法，通过被告提供的问卷调查预测他是否还会犯下更多罪行；推特用它来计算你赚了多少钱；谷歌用它来评估你的广告偏好。其中所涉及的数据量和用来对我们进行分类的维度比我这次研究的数据量和维度要大得多，但是方法和我的毫无二致：不停地旋转和降维，直到算法开始读懂你，透视你。

仅仅通过 15 个帖子就可以读懂我们的生活，多么不可思议。想象一下，手中拥有数十亿帖子的脸书会用它们做些什么呢？

第 4 章

算法比你更了解你的人格和行为

脸书在全球拥有 20 亿用户，他们每小时发布数千万个帖子，记录着我们社交活动的方方面面。斯坦福大学研究生院商学院的迈克尔·科辛斯基（Michal Kosinski）教授是最早意识到我们可以根据人们上传至社交媒体的大量数据，利用主成分分析法对他们进行分类的研究人员之一。当他还是剑桥大学博士生时，他与大卫·史迪威（David Stillwell）一起创立了一个叫"我的个性"（mypersonality）的项目。

他们获得了访问和存储超过 300 万脸书用户个人资料的许可，进而收集到了一个惊人的数据集。其中的许多用户随后参与了包括智力、个性和幸福感等主题在内的一系列心理测试，并回答了关于性取向、生活方式等的问题。这些数据为迈克尔提供了一个庞大的数据库，它将我们在脸书上的发布、分享和点赞的内容与我们的行为、观点和个性关联起来。

迈克尔首先研究的是将我们对立起来的属性：共和党或民主党，同性恋或异性恋，男性或女性，单身或正在发展一段关系等。他的目的在于研究能否通过我们的点赞来评估我们的身份：哪些点赞最有可能与某个属性相关联？

《我的世界》玩家通常展现出哪些人格特质？

迈克尔和同事们在他们的科技论文中提供了一张可以用来预测关联性的点赞的表格，列出了一些令人无比尴尬的刻板印象。在2010/11年这项研究进行的时候，男同性恋者给电视节目《欢乐合唱团》（*Glee*）中的苏·西尔韦斯特（Sue Sylvester）和选秀节目《美国偶像》（*American Idol*）中的亚当·兰伯特（Adam Lambert）点赞，并支持各种人权运动。其他男士则给体育用品零售商福洛客（Foot Locker）、纽约著名的嘻哈乐队武当帮（Wu－Tang Clan）、世界极限运动会（the X Games）和有关李小龙的帖子点赞。

朋友少的人会点赞的帖子普遍与电脑游戏《我的世界》（*Minecraft*）①、硬摇滚音乐，以及和朋友一起散步再突然把他们推向某个人的恶作剧有关。朋友多的人则会给珍妮弗·洛佩兹（Jennifer Lopez）点赞。

智商偏低的人会给幽默杂志《国家讽刺》（*National Lampoon*）②里的角色克拉克·格里斯沃尔德（Clark Griswold）、"婆婆妈妈"（"being a mom"）和哈雷摩托的相关帖子点赞。智商偏高的人会给和莫

———————

① 《我的世界》是一款风靡全球的高自由度沙盒游戏。
② 《国家讽刺》是一本美国幽默杂志。

扎特、科学、电影《指环王》（*The Lord of the Rings*）与《教父》（*The Godfather*）相关的帖子点赞。

非裔美国人给涉及凯蒂猫（Hello Kitty）、巴拉克·奥巴马（Barack Obama）和说唱歌手尼基·米娜（Nicki Minaj）的帖子点赞，但他们对露营或米特·罗姆尼（Mitt Romney）①的兴趣不如其他种族。

当然这些观察结果并不意味着某人给苏·西尔韦斯特点了一个赞，我们就应该论断他是同性恋者，或者某人给讨论莫扎特的帖子点了赞，我们就能够说他很聪明。嘿嘿，你喜欢玩《我的世界》，你肯定是孤家寡人一个。这种推理不仅招人讨厌，而且通常是错误的。

与此相反，迈克尔发现虽然每个"赞"仅仅提供了关于一个人的点滴信息，但大量的"赞"累积起来就可以让他的算法得出可靠的结论。为了整合我们所有的"赞"，迈克尔和他的同事使用了主成分分析法。他收集了成千上万个不同类型的"赞"，并使用主成分分析法来找到它们中的哪些对同一个成分做出了贡献。

比如说，披头士、红辣椒乐队（Red Hot Chili Peppers）和电视剧《豪斯医生》（*House*）都是在一个维度上被发现的，我们可以把它标记为"中年摇滚音乐和电影"。另一个维度则可以被我们标记为"广告产品"，包括迪士尼－皮克斯（Disney Pixar）、奥利奥和 YouTube，不一而足。迈克尔发现，对我们进行精确分类需要 40 到 100 个维度。

迈克尔强调说，相比人类，电脑能发现更微妙的关系。"显而

---

① 米特·罗姆尼是美国商人和政治家、第 70 任马萨诸塞州州长，2012 年美国总统选举的共和党提名候选人，败于寻求连任的巴拉克·奥巴马。

易见，那些去同性恋俱乐部、购买同性恋杂志的人更有可能是同性恋者。"但他告诉我，电脑可以针对那些对我们而言不那么显著的信号做出预测。事实上，在被他的算法贴上"同性恋"标签的用户中，只有5%的人赞了一个明显的同性恋脸书页面。为确定用户的性取向，算法需要结合从"小甜甜"布兰妮（Britney Spears）到《绝望主妇》（*Desperate Housewives*）等众多不同的点赞数据。

虽然迈克尔对脸书数据的大规模分析别出心裁，但他对主成分分析方法的运用却并不新鲜。在过去的50年里，社会学家和心理学家一直利用主成分分析法对我们的个性、社会价值观、政治观点和社会经济地位进行分类。我们喜欢把自己想象成多维的人，把自己看作是复杂的个体，有着众多不同的性格侧面。我们告诉自己我们是独一无二的，我们一生中发生的数以百万计的独特事件塑造了独一无二的我们。

但是主成分分析法可以将这些百万计的复杂维度减少到极少的维度，少到可以把我们"放到小盒子里"，或者用一个更形象的比喻来形容，少到可以用少量的不同符号来代表我们。主成分分析法告诉我们，我们可以或多或少地把我们的朋友看作是一组圆圈、小方框和小叉。这个方法将我们视为一组符号，我们也由此得出了心理学家所谓的五大人格特质。

心理学家对人格的研究基础是我们对朋友和熟人的日常了解。我们都认识一些友善健谈、喜欢与人交往的人，我们称他们为"外向者"。我们也认识一些喜欢阅读和电脑编程的人，他们喜欢独处，在群体中很少说话，我们称他们为"内向者"。这些概念绝非牵强附会，而是行之有效的描述人的方式。

然而我们对他人的许多直觉缺乏科学严谨性。我们可以用很多词语来形容我们的朋友和同事：好辩、随和、能干、顺从、理想主义、自信、自律、压抑、冲动……这个清单可以无限长。面对这样的形容词长单，心理学家有些焦头烂额。他们进行了广泛的问卷调查，被调查者基于大量不同的表述来对自己进行评级，比如"我及时完成家务""在聚会时我跟许多不同的人聊天"等，然后他们拿起主成分分析工具，以期找出我们人格的潜在模型。

研究者得出的结果惊人的一致：在大多数情况下，通过旋转所有的人格形容词维度，心理学家都能不依赖于所提问题的类型就得到同样的五大人格特质：**经验开放性（openness）、尽责性（conscientiousness）、外向性（extroversion）、亲和性（agreeableness）和情绪不稳定性（neuroticism）。**

五大特质的提法并非信口雌黄，而是经得起反复检验的、用来归纳人之所以为人的重要理论工具。

你的情绪已被编号，你的行为已被建模和预测

在迈克尔看来，如果五大人格特质这一理论是站得住脚的，并且脸书的点赞可以用来评估智商和政治观点，那么通过我们脸书页面的资料来推测我们的人格也是可能的。

　　事实也的确如此。脸书的外向用户喜欢跳舞、看戏、投杯球游戏 ①。害羞用户喜欢动漫、角色扮演和特里·普拉切特（Terry Pratchett）② 的书。神经质者喜欢科特·科本（Kurt Cobain）、情绪摇滚（emo music）③，并且喜欢说"有时我恨我自己"。冷静的用户喜欢跳伞、足球和商业管理。许多刻板印象都被人们的"赞"所证实，但也有一些例外。我是一个相对冷静的人，钟爱足球，但不管有没有降落伞我都肯定不会自己从飞机上往下跳。揭示我们人格的，不是某一次鼠标单击的"赞"，而是众多不同的赞的组合。

　　通过点击鼠标，我们在不停地将我们的人格输入脸书，日复一日，年复一年。微笑符号、大拇指、"赞"、皱眉、爱心……我们在告诉脸书我们是什么样的人，我们在想什么。我们在向一个社交网站展示着自己的点滴细节，而这些细节我们通常只会展示给最亲密的朋友。朋友往往会忘记这些细节，并对他们得出的有关我们的结论更宽容。可脸书却不同，它正在系统地收集、处理和分析我们的情绪状态。它在数百个维度上旋转我们的人格，因此能够找到最冷静、最理性的角度来审视我们。

　　脸书的研究人员已经掌握了减少我们维度的技术。在对自己朋友的研究中，我借助算法在不到一秒的时间里将 32 个人、13 个维度的帖子减少到了两个维度。迈克尔借助类似的算法，在一个小时左右的

---

① 投杯球是一个由美国人发明的桌上游戏。
② 特里·普拉切特，英国知名作家，擅长奇幻文学。至今他共写过 65 本书，被翻译成其他 33 种语言，其作品总销量已达 5 500 万册。
③ 情绪摇滚是由硬核朋克延伸出来的一种极具另类艺术气质的音乐形式。

时间内，将成千上万人的 55 000 个"赞"减少到预测他们人格所需的大约 40 个维度。跟我的研究规模相比，脸书处于一个完全不同的量级上。它运用目前的方法，可以在仅仅不到一秒的时间里，将 10 万个人点的 100 万个不同类别的"赞"减少到几百个维度。

我的研究因为只有 15 个类别，数据旋转很快，而脸书采用的方法基于随机数学 ①，将 100 万个类别不同的"赞"的数据旋转 100 万次需要很长时间。因此开始运算时，脸书的算法会随机选取一组维度来描述我们。然后，算法会评估这些随机维度的运行情况，从而找到一组新的维度来改进它的描述。反复这么做几次之后，脸书就能知道哪些是描述用户的最重要成分。

虽然脸书可以将数百万个"赞"减少到几百个成分，但我们很难图像化这些成分。我们的大脑在二维或三维空间中运转，而不能在几百个维度中运转，因此很快就会达到它的极限。所以为了帮助我们理解它是如何看待我们的，脸书为其算法所发现的类别进行了命名。要了解该公司如何描述你，你必须先登录脸书，然后点击右上角的"下拉菜单"，点击"设置"。在"设置"中，选择"广告"，点击"基于我偏好的广告"的编辑按钮，然后点击"访问广告偏好"。最后点击"生活方式和文化"菜单。

《纽约时报》刊登了一篇文章，告诉人们如何找到这些脸书归纳的广告偏好。读者们随后发现了五花八门、非常有趣的类别。这些分

---

① 随机数学是研究随机现象统计规律性的一个数学分支,涉及 4 个主要部分：概率论、随机过程、数理统计、随机运筹。概率论是后三者的基础。

类根据用户的兴趣将用户分到了"烤面包"、"拖船"、"脖子"和"鸭嘴兽"的类别。

我能理解其中的幽默所在，对于脸书如此误解他们，发现这些类别的人着实可以大笑一番。也许脸书对他们确实有误解，但重要的是当我们看到这些类别时要明白，脸书基于算法对用户建立的深度了解远非文字描述所能穷尽。**算法并不依赖于文字对我们进行分类，文字的使用只是为了帮助我们理解人们各种兴趣间的统计学关系。**

事实上，这些关系不能用"烤面包"和"鸭嘴兽"这样的词来表达，而且它们根本无法用文字来解释。我们根本就无法理解脸书对我们的高维了解。

当我和迈克尔交谈时，他再三提起这一点。他强调，人们看待别人时，仅通过极少数的几个维度，即年龄、种族、性别，而如果我们关系更近一些，还会包括人格的维度。但算法已经在处理数以十亿计的数据点，并在数百个维度上对我们进行分类。所以当我们不了解脸书如何做到这一点的时候，可笑的是我们，而非算法。我们已经不再有能力完全理解我们创建的算法所给出的结果。

迈克尔告诉我："我们比电脑更擅长一些无关紧要，但出于某种原因我们认为很重要的事情，比如说四处走动。但是电脑却可以做一些我们永远也做不到的智能任务。"在迈克尔看来，主成分分析是对人类人格实现计算机化的高维理解的第一步，这种高维理解将完胜我们目前对自己的理解。

脸书已经获得了一系列专利，因此能够将对我们的多维理解应用到商业领域。其中最早的专利之一是相亲配对，脸书的策略是通过分析朋友的朋友的资料找到匹配的对象。我们自己经常也会想到，我们的一些单身朋友，虽然或许不认识彼此，但可能会缔结一段好姻缘。脸书的系统可以根据用户个人资料所建构的人格特征，为我们提供这些建议。该专利声称单身用户可以在他们朋友的朋友中"定位符合你理想特质、兴趣或经历的潜在约会对象"，然后询问共同的朋友是否愿意成为媒人。

如果脸书能帮你找到伴侣，那么它肯定也能帮你找到工作。2012年，研究人员唐纳德·克鲁恩佩尔（Donald Kluemper）和他的同事在对 586 名学生（主要是白人女性）的脸书个人资料进行人格测验后发现，这些测验结果可以很可靠地评估他们在职场受聘的可能性。一些第三方公司已经申请了使用脸书和其他社交网站的数据，将这一发现应用到自动化匹配工作的领域中去。无论如何对于使用脸书的雇主来说，脸书较包括领英（LinkedIn）在内的纯专业服务网站的优势在于，你在脸书上的个人资料更有可能揭示真实的你。

脸书也在研究如何从你的帖子、你照片中的面部表情以及你与屏幕互动的程度来评价你的精神状态。学术研究已经证实，这些技术可以让我们对自己的精神状态有一定了解。例如，用户在日常电脑使用中移动鼠标的速度可以透露他们在屏幕上所看内容的情感成分。主成分分析法可以拆解并分析你与手机或电脑互动的方式，以了解你的情绪状态。

这些发展意味着将来脸书会追踪我们的每一种情绪，并在我们的消费选择、人际关系和工作机会中不断地操纵我们。

　　如果你经常使用脸书、"照片墙"（Instagram）、色拉布（Snapchat）^①、推特或其他社交媒体网站，那么你的信息就会被他们哄抢。你允许它们将你的人格置于拥有数百个维度的空间中，你的情绪被它们编号分类，你未来的行为被它们建模和预测。而这一切都是以一种你我大多数人都难以理解的方式高效、自动地运行的。

---

① 色拉布是一款"阅后即焚"照片分享应用。

第5章

总统选举的制胜法宝

在 2016 年美国总统大选之后，一家名为剑桥分析的数据分析公司宣称，它们用数据来指导竞选活动的服务对唐纳德·特朗普获胜起到了重要作用。该公司网站首页上曾播放了一组由美国有线电视新闻网（CNN）、哥伦比亚广播公司新闻频道（CBSN）、彭博社（Bloomberg）和《天空新闻》（*Sky News*）拍摄的内容精选剪辑而成的视频，展示它如何利用网络定向营销和小范围民意调查数据影响选民。

在结尾时，视频引用了政治民意调查专家弗兰克·伦茨（Frank Luntz）的一句话："剑桥分析公司之外，别无专家。作为特朗普的团队，他们找到了制胜法宝。"

在它的宣传材料中，剑桥分析公司对五大人格模型做了浓墨重彩的介绍，声称它曾收集关于大量美国选民的数以百万计数据，而且能利用这些数据绘制一幅选民的人格画像，其丰富程度远远超过了性别、年龄和收入之类的传统特征所能完成的分析。

在第 4 章中提到的负责进行脸书人格研究的迈克尔·科辛斯基与

我交谈时，向我明确表示他与剑桥分析公司没有任何瓜葛，但他也坦承剑桥分析公司可以采取与他科研中所使用的相似方法来研究目标选民。只要有权限访问选民的脸书个人资料，剑桥分析公司就可以确定哪些类型的广告会对他们产生最大的影响。

性别、年龄、社会阶层如何影响选举投票？

仔细一想，这让人恐惧万分。脸书的数据可以用来揭露我们的喜好、智商和个性。至少从理论上来讲，这些维度可以帮助剑桥分析公司提供投我们所好的信息，例如，低智商的人可能会被灌输有关希拉里·克林顿（Hillary Clinton）电子邮件账户的阴谋论，而这种观点是无法被证实的；高智商的人可能会被告知，唐纳德·特朗普是一个务实的商人；与"非裔美国人有着种族相似性"的人（如脸书所称的那样）可能被告知市中心平民区的复兴；失业的白人工人可能被告知要建造一堵墙来阻挡移民。神经质的人可以被恐吓，富有同情心的人可以被共情，外向的人则会被告知一个进行信息分享的有趣方式。

在这样的竞选活动中，候选人可能不会把重点放在传统媒体的核心信息上，而是把注意力集中在对记者和新闻机构的诋毁上，因为这些新闻机构在努力让人们对这场竞选形成整体印象。在大众媒体被人质疑的同时，被量身定制的信息将被直接推送给个人，为他们提供符合他们现有世界观的宣传信息，进而操纵他们的选票。

在 2017 年秋季我开始研究剑桥分析公司的时候，该公司对它在特朗普胜利中所扮演的角色做出了更加谨慎的表态。《卫报》和《观察家报》（*Observer*）已经就剑桥分析公司如何收集和共享数据展开了多方面调查，包括操纵美国总统大选和英国脱欧公投。这些调查报道导致剑桥分析公司现在正努力淡化它在竞选活动中对心理学的应用。该公司将自己的业务描述为使用人工智能进行受众细分，而不再使用"人格"这个词。

我多次联系剑桥分析公司的公共关系办公室，询问那里的工作人员我能否向技术人员了解算法的工作方式。我得到的回复总是很有礼貌，但不知为何我要找的人总在"休假"。使用了一长串的借口之后，他们不再回复我的邮件请求。

因此，我决定自己找出答案，弄清楚这种建立于政治人格基础之上的方式是如何运作以帮助候选人获得选举胜利的。

右翼政客利用了美国选民 100 维的数据，我们在被这一消息震惊前需要思考的是，计算机里的维度如何准确地代表作为人的我们。

如果我想要幼稚地侮辱计算机的"思考"能力，我可能会提及它以二进制运行的事实，即用 1 和 0 来描述这个世界。但这种指责是大错特错的。事实上人类才会通常在非黑即白的二元对立状态下看待事物，例如我们几乎条件反射地说"他太蠢了，这都不懂""她是典型的共和党人"，或者"那个人在推特上啥都分享"。用二元论看待这个世界的是人类。

精心设计的算法很少将事件简单地划归为两类中的一种，它们给出排序或概率。脸书的人格模型为每个用户分配一个内向／外向的排序，或者给出一个用户"单身"或"恋爱"的概率。通过考量一系列的因素，这些模型给出一个数字，这一数字与某人的某一情况为真的可能性呈正比。

将大量的维度转化为概率或排序的最基本方法是回归（regression）。 统计学家对回归模型的使用已长达一个多世纪，其应用从生物学开始逐步扩展到经济学、保险行业、政治学和社会学。**回归模型利用我们已有的关于某人的数据以预测我们尚不知道的关于他的事情。** 要实现这个被称为"模型拟合"（fitting the model）的过程，我们首先需要找到一群人并且提前知道我们预测之事的结果。这些事都与这群人有关。

举个例子，年龄和英国脱欧投票之间会存在怎样的关系？在英国人投票决定是否应该退出欧盟的 10 天前，市场研究和数据分析公司 YouGov 进行了一项民意调查，询问人们将如何投票。调查对象包括 4 个不同的年龄组：18 ~ 24 岁，25 ~ 49 岁，50 ~ 64 岁和 65 岁及以上。调查发现，不同年龄段的受访者的回答有所不同。图 5.1 是我将选民意愿进行拟合的回归模型。随着年龄的增长，人们投票离开欧盟的可能性也在增加。

数据分析公司会使用一组人的拟合模型来推断其他人的偏好，以便做出预测。知道了一个人的年龄，他们就可以通过图 5.1 来查看那个人投票脱离欧盟的概率。根据这里做出的回归模型，他们可以推断出一个"典型的"22 岁年轻人想要离开欧盟的概率约为 36%，而一个"典型的"60 岁老人想脱离欧盟的概率约为 62%。

然而，回归模型并不能完美地代表真实的数据。在脱欧的民意调查中，18 ～ 24 岁的人群里只有 25% 的人表示支持英国脱欧（图 5.1），所以这个模型稍微高估了年轻人想要脱欧的概率。这种不一致在试图用单一方程式呈现大量数据点（比如本例中人们的年龄和投票意图）的回归模型中很典型。

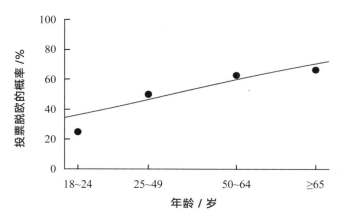

图 5.1　根据回归模型得出的不同年龄段选民投脱欧票的概率

注：在投票前夕，YouGov 为英国是否应该在 2016 年退出欧盟进行了民意调查，圆点为取自该民意调查的数据。实线是拟合出的关系，它呈现出了年龄与投票脱欧的概率的关系。

但这只是一个提醒，并非严重的问题。这种不一致并不意味着模型是错的，它只是反映了回归方法的一般限制。小的不一致并不是大问题——所有的模型在某种程度上都是错误的。但在当前的例子中，"错误"的数量尚在可接受的范围内。

只输入年龄信息给模型带来了些许预测能力，然而可供使用的输入越多，预测就会越准。民意测验专家发现，在英国脱欧公投中，接受较少正规教育和有着工人阶级背景的老年人更可能投票脱欧。脱欧运动团体所雇用的机构如果必须选择一个目标群体来鼓励他们出去投票，就应该关注这些人。支持留欧的活动家则会更希望大学生参加投票。

政治学家长期以来都在使用回归方法。在 1987 年英国大选后的一项研究中，研究人员调查了选民的性别、年龄、社会阶层和对通货膨胀的看法，看这些因素如何影响选民偏向工党（Labour Party）而非保守党（Conservatives）的概率。研究人员随后发现，老年人和男性更倾向于投票给保守党，而认为通货膨胀高居不下的工薪阶层人士更倾向于投票给工党。只要将性别、年龄、阶层和对通货膨胀的看法分别导入模型中，回归模型就会输出一个人投票给工党的概率。

为了政治目的操控每一种情感

剑桥分析公司和其他现代数据分析公司使用的统计方法与 19 世纪 80 年代使用的大同小异，只不过主要区别在于他们手中所掌握的数据的规模。现在他们可以将脸书的"赞"、在线投票问题的答案以及我们购物的数据导入到回归模型中了。

剑桥分析公司声称，他们使用这些大数据集而不仅依靠年龄、阶层和性别，来对我们的人格和政治立场做出全面了解。在过去，当政治学家研究选民的政党偏好时，他们通常会分析选民的社会经济背景。

剑桥分析公司声称："我们会考虑每一个个体（选民）的行为制约因素，从而对他们的未来行为'未卜先知'。"

为了对我们的政治人格进行大规模的回归分析，剑桥分析公司需要获得大量数据。2014 年，剑桥大学的心理学家亚历克斯·科岗（Alex Kogan）通过一个名为"机械土耳其人"（Mechanical Turk）① 的在线众包市场（crowd－sourcing marketplace）为他的科研收集数据。在我面前，亚历克斯将"机械土耳其人"形容为"一大群做任务换钱的人"。他请那些人在他的科学研究中完成一项看似无关紧要的工作：回答两个关于他们收入的问题，以及他们使用脸书的时间跨度，然后让他们点击一个按键授权亚历克斯及其同事访问他们的脸书个人资料。

这项研究淋漓尽致地展示了人们多么愿意让研究人员访问他们自己和朋友的脸书资料，以及那时候研究人员在社交网站上获得数据访问权限是多么的容易。经过这群"机械土耳其人"的许可，研究人员也能获取他们朋友的位置和"赞"的数据。

在亚历克斯的研究中，80% 的人为了换取 1 美元而提供了他们的个人资料和朋友的位置数据。这些人平均有 353 个朋友。在只有 857 名参与者的情况下，亚历克斯和他的同事获得了总计 287 739 人的数据。这就是社交网络的力量：从一小撮人那里收集数据就能够让研究人员接触到庞大的朋友圈数据。

就是在这个时候，亚历克斯与 SCL 的代表们展开了谈判。SCL

---

① "机械土耳其人"是亚马逊的一个众包互联网市场，使个人和企业能够协调人类智能的使用，以执行计算机当前无法完成的任务。

是一家为全球客户提供政治和军事分析的集团公司。最初，SCL 感兴趣的是让亚历克斯帮忙设计问卷。但是，当该公司的代表们意识到数据收集在"机械土耳其人"身上展现出来的力量时，双方谈判的焦点转向了访问海量脸书个人数据的可能性。SCL 蠢蠢欲动地准备启动政治咨询服务，利用性格预测来帮助客户赢得选举，该服务后来发展成为剑桥分析公司。亚历克斯的数据收集方法正好满足 SCL 的需要。

亚历克斯向我承认他还是太单纯了。他在加州大学伯克利分校获得本科学位，在香港大学获得博士学位，目前在剑桥大学做研究，以前从来没有和一家私营公司合作过。他对我说："我真的不敢恭维生意人的做事方式。"

他和同事们考虑了与 SCL 合作的伦理问题和伦理风险，确保不将数据收集与大学研究工作混为一谈。他们意识到从"机械土耳其人"那里收集如此规模的数据缺乏可靠性，而且"机械土耳其人"也没有能力完成这项任务。因此，他们使用了 Qualtrics 公司 ① 的在线客户调查服务。亚历克斯告诉我，就像他们之前的研究一样，他们请求对方允许使用受访者的脸书个人资料，并遵守了当时奉行的所有访问规则。

亚历克斯那时没有考虑到其他人听说他收集脸书数据时的感受和看法。他说："你仔细想想，这是相当讽刺的。我研究的很多东西都跟情感相关，如果我们想过人们是否会质疑甚至反感我们的人格预测，或许我们会做出不同的决定。"

《卫报》随后发现，亚历克斯在 SCL 的资助下建立了一家公司，

---

① Qualtrics 是一家私人经营管理公司，总部位于美国犹他州普罗沃和华盛顿州西雅图。

这家公司收集了 20 万美国公民的脸书数据以及他们参与的问卷调查结果，而这些仅仅是他们直接调查的人。由于脸书平台当时的运作方式允许人们获知参与此项研究的志愿者的朋友的点赞情况，而且志愿者也同意第三方获取朋友的数据，SCL 得以拥有 3 000 多万人的数据。这是一个巨大的数据集，可能全面描绘了许多美国人的政治人格。

在 2016 年的康考迪亚峰会（Concordia Summit）上展示公司的研究成果时，剑桥分析公司的首席执行官亚历山大·尼克斯（Alexander Nix）似乎并不特别担心别人"反感"他的公司预测他们的政治人格。剑桥分析公司刚刚帮助特德·克鲁兹（Ted Cruz）从籍籍无名的总统候选人变成共和党党内初选的领先者。

他介绍了他的公司如何做到"不依据种族、性别或社会经济背景来寻找目标人群，预测美国每一个成年人的人格"。"第二修正案是一项保险政策"这一信息可能会定向发送给高度神经质和谨小慎微的选民。传统、随和的选民可能会被告知"世代延续携带武器的权利非常重要"。他声称，他可以利用目标受众的"成百上千个个人数据点，来准确地理解哪些信息将吸引哪些受众"，并暗示特朗普的竞选团队正在采用他所介绍的方法。

剑桥分析公司的起源囊括了现代阴谋论故事的所有要素。它涉及特德·克鲁兹、唐纳德·特朗普、数据安全、人格心理学、脸书、报酬过低的"机械土耳其人"、大数据、剑桥大学学者、右翼民粹主义者和剑桥分析公司董事史蒂夫·班农（Steve Bannon）、右翼金融家和剑桥分析公司最大投资人之一罗伯特·默瑟（Robert Mercer）以及美国前国家安全顾问和剑桥分析公司顾问迈克尔·弗林（Michael Flynn）以及传闻提到的网络巨魔 ①。杰西·艾森伯格（Jesse Eisenberg）就像在一部精彩的电影中扮演心理学家一样，他逐渐揭开了他所供职的剑桥分析公司的真实动机：出于政治目的操纵我们每一种情感。

从这个意义上来说，这是一件让人不寒而栗的事情。但当我把注意力集中在这些预测投票结果的模型的细节时，我觉得其中缺失了一个重要元素：算法。我想自己弄明白尼克斯振振有词地声称的内容是否真的能够站得住脚。

总统候选人要小心对待当红歌手的粉丝

我没有权限访问亚历克斯·科岗收集的数据（我将在下文中介绍这些数据后来发生了什么），但迈克尔·科辛斯基和他的同事做了一个教程包，允许心理学学生利用一个由两万名匿名脸书用户的数据构成的数据库来练习回归模型的创建。我下载了这个教程包并把它安装在我的电脑上。

在这个数据集所涵盖的 19 742 名美国脸书用户中，只有 4 744 人表达了对民主党或共和党的偏爱，其中 31% 是共和党人。剑桥分析公司在 2007—2012 年收集数据期间，脸书上民主党人士的数量呈压倒性优势。我输入了 50 维的脸书数据以拟合一个回归模型，这个模

---

① 网络巨魔指在网络上发表煽动性言论，以期搅动大众情绪和民意，从而达到自己目的的人。

型输出的结果是某个人身为共和党人士的概率。

在利用数据进行了模型拟合后，下一步就是测试模型的表现。测试一个回归模型准确性的好方法是随机挑选两个人：一位共和党人和一位民主党人，然后要求模型根据他们的脸书个人资料预测两人中谁是共和党人。这是测试准确性的直接方法。想象一下，你遇到了这两个人，他们容许你询问他们的品味和爱好，之后你必须判断哪个人支持哪个政党，那么你觉得你每次都猜对的可能性有多大？

基于脸书数据创建的回归模型拥有很高的准确度。在 9 次测试中，回归模型有 8 次准确地判别出脸书用户的政治观点。可以判断一个人是民主党的主要点赞内容是奥巴马和米歇尔·奥巴马（Michelle Obama）、国家公共广播电台（National Public Radio）、TED 演讲（TED Talks）、哈利·波特、网站"我太热爱科学了"（I Fucking Love Science），以及类似《科尔伯特报道》（*The Colbert Report*）和《每日秀》（*The Daily Show*）这样的自由主义时事节目。共和党人则喜欢乔治·W. 布什、《圣经》、乡村和西方音乐，以及露营。

民主党人喜欢奥巴马和《科尔伯特报道》，共和党人喜欢乔治·W. 布什和《圣经》，这并不令人惊讶。于是我从模型中拿掉一些显而易见是民主党人标记的"赞"，然后做了一个新的回归模型，想测试一下它现在的准确性。

令我惊讶的是，这个模型的表现与前面一个的差距并不大，准确率仍然达到了 85%。现在，它使用了"赞"的组合来确定政治立场。例如，一个喜欢 Lady Gaga、星巴克和乡村音乐的人更有可能是共和党人，但一个也喜欢艾丽西亚·凯斯（Alicia Keys）和哈利·波特的Lady Gaga 粉丝则更有可能是民主党人。使用大量"赞"所获得的多维理解产生了意想不到的有用结果。

这种类型的信息对一个政党来说可能大有用处：民主党不应该把注意力集中在传统的自由媒体上，而应把精力集中在获取哈利·波特迷们的投票上；共和党人则可以把目标锁定在喝星巴克咖啡的人和去野营的人身上。至于 Lady Gaga 的粉丝，双方都应该小心翼翼地对待。

但基于脸书的回归模型的准确性似乎超越了传统方法，虽然它们很难进行直接比较。例如，在上文提到的对 1987 年英国大选的研究中，研究人员发现，一个认为通货膨胀率处于低位的 65 岁中产阶级男性选民，倾向于支持保守党而非工党的概率是 79%。所以一个认为这些典型的工党支持者（Tories）会拥护保守党的模型，其出错率至少是 21%。

到目前为止，对亚历山大·尼克斯和剑桥分析公司来说，一切都还算顺利。但在我们继续下一步之前，我们需要更仔细地审视回归模型的一些局限。

首先，**所有的回归模型都有一个最根本的局限性。请记住，算法输出的不是非此即彼的结果。**正如我们在图 5.1 中所看到的，它也不能完美地呈现数据。我们不能指望一个模型能百分之百准确地揭示你的政治观点。不管是剑桥分析公司，还是其他任何一个人，都不可能通过查看你的脸书数据，得出万无一失的结论。除非你碰巧就是巴拉克·奥巴马或特雷莎·梅（Theresa May）本人。换言之，分析师能做的最多就是用回归模型，对你持有某一个特定观点的可能性给出一个概率。

虽然回归模型能够比较精准地对铁杆民主党人和共和党人做出判断——正如我之前所述，准确性大约是85%——然而关于这些选民的预测在政治竞选中用处并不是很大。已知的政党支持者，其选票或多或少是板上钉钉的，因此他们没有必要成为拉票的目标。

事实上，在我的回归模型使用的数据中，有76%的人并未登记他们的政治偏向和党派忠诚度，但我用来拟合脸书数据的回归模型并未对此做出反应。虽然数据显示民主党人倾向于喜欢哈利·波特，但这并不一定意味着其他的哈利·波特迷们也喜欢民主党。这是所有统计分析所固有的问题，那就是潜在的因果混淆问题。

其次，另一个局限则关乎做出预测所需的"赞"的数量。只有一个人已经点了超过50个"赞"的时候，回归模型才能产生效果，而要做出真正可靠的预测，"赞"的数量还需达到几百个。在脸书的数据集里，只有18%的用户在50多个网站上点"赞"。在收集了这些数据之后，脸书增加了用户点"赞"的网站数量，这样它就可以更好地发布定向广告。

但仍然有很多人，包括我自己，不怎么在脸书上点赞。具体来说，我一共只在4个网页点了"赞"：我自己的"足球数学"网页、本地的一个自然保护区、我儿子的学校，以及欧盟的研究。不管回归模型如何神奇，只要没有数据，它就是一个摆设。

尼克斯想利用我们的政治人格锁定目标受众，这就是第三个局限性的核心所在：算法真的能够根据点赞情况精准地识别出神经质或富有同情心的人吗？我使用的数据集涵盖了一份五大人格测试结果，我用它来检验回归模型是否能够在随机选择的一对测试样本中确定哪个人更加神经质进行了检验，结果它根本无法完成这项任务。

我从数据集随机挑选了两个人，查看他们在人格测试中的情绪神经质程度的评分。比较了它们与基于脸书点赞情况而制作的回归模型后，我发现只有在 60% 的情况下，人格测试和回归模型对测试对象给出了同样的结果。而如果我将分数设定为随机，只有在 50% 的情况下回归模型能够得到正确的结果，也就是说这个模型只比随机选择准确一些而已。

但是，这个回归模型在对人们的开放性进行分类时表现得更好一些，准确性大约为三分之二。但当我对外倾性、尽责性和亲和性做同样的测试时，我得到了与神经质测试类似的结果：这个模型在 10 次中对了 6 次，而如果我们随机选择测试对象的话，10 次中我们只会对 5 次。

也就是从这时候起，我开始与剑桥大学心理学家亚历克斯·科岗讨论我的研究结果。他最初曾帮助剑桥分析公司收集数据。起初科岗一直不愿和我交谈，因为他认为《卫报》和一些网络博客对剑桥分析公司的描述有失公允。但就在我告诉他我用脸书数据预测人格能够得到什么结果时，他终于开始畅所欲言了。

科岗也得出了和我类似的结论。他不相信剑桥分析公司，或者其他任何人，能够编写出一种将人类人格进行有效分类的算法。他正在研究如何结合计算机模拟和从推特获取的数据，来证明尽管我们可以通过网上足迹对人格的某些方面做出判断，但这种数据还没有强大到可以对我们做出可靠的预测。说起亚历山大·尼克斯，科岗毫不客气地说："尼克斯竭力推广人格算法，因为他有很强的经济动机去宣传剑桥分析公司拥有秘密武器。"

虽然科学研究发现某一组特定的脸书点赞情况与人格测试的结果相关，但这和根据这一发现设计可靠算法、创建方程式准确预测你是哪种类型的人，存在很大区别。**科学发现或许是正确而有趣的，但是除非这种关系非常强烈（在人格预测中往往并非如此），否则它无法让我们对一个人的行为做出特别可靠的预测。**

算法很了解你，但它未必能预测你的行为

科研成果和算法的应用之间的界限日渐模糊，其中一个原因在于媒体对此类科研成果的大肆渲染。2015 年 1 月，《连线》（*Wired*）杂志刊登了一篇题为《脸书如何比你的朋友更了解你》的文章，英国的《每日电讯报》（*The Daily Telegraph*）更加夸张，发布了主题为"脸书比你的家人还更了解你"的头条。结果《纽约时报》用《脸书比任何人都更了解你》这个标题从一众媒体中脱颖而出，吸引到最多关注。

所有这些头条新闻都是对同一篇研究论文做出的报道。这项研究是由吴悠悠（Wu Youyou）、迈克尔·科辛斯基和大卫·史迪威主导的。

他们此前要解决的问题是脸书点赞情况对人格测试结果的预测能够准确到何种程度，但这次他们在科研中将基于点赞情况做出的回归模型与一份问卷调查结果进行比较。

这份问卷列出的是有关脸书用户的 10 个问题，上面的内容由用户的同事、朋友、亲人及伴侣填写。研究结果显示，他们的统计模型与人格测试的相关性要比朋友和家人给出的 10 个答案更高，于是各大报纸试图在五花八门的头条里竭力渲染的科研发现就这样出来了。

更好的相关性意味着更好的预测结果，但这是否意味着脸书比任何人都更了解你呢？当然不是。布赖恩·康奈利（Brian Connelly）是多伦多大学士嘉堡分校管理系副教授，从事工作场所人格的研究。我问他对这项研究的看法，他说："迈克尔·科辛斯基的研究很有趣，也很鼓舞人心，但我认为媒体在报道这些研究发现时夸大其词了。而一个恰如其分的标题至少应该这样拟：初步调查结果表明，脸书对你们其中一些人的了解就如同你们的熟人一样（但脸书是否能预测你的行为还有待我们验证）。"

一言以蔽之，布赖恩想说的是科学很有趣，但是目前尚没有证据证明脸书可以确定你的政治人格并利用这一成果发送定向广告。

剑桥分析公司的故事促使我深入阅读博客和隐私维权人士的网站。通过这些链接，我发现了一段 YouTube 视频。在视频中，一位工作于剑桥分析公司的年轻数据科学家正在讲解他实习时所做的一个研究项目，并以电影《她》（Her）引出后面的演示。

在这部电影中，电脑对华金·菲尼克斯（Joaquin Phoenix）饰演的主角西奥多（Theodore）的人格形成了深刻的理解，于是男主角与他的操作系统（OS）谈起了恋爱，人类和操作系统双双坠入爱河。

年轻的数据科学家用这个故事引出了 5 分钟演讲的主题：电脑能比我们自己更了解我们吗？

这位数据科学家认为可以，并且向我们一步步讲解他对在线活动和人格的研究：

> 描述五大人格特征；概述如何用脸书的个人资料来取代调查；
> 解释他的回归模型如何揭示我们的责任心和情绪波动水平；
> 阐述如何针对个人性格发送定向的政治信息。

最后他宣称："我的模型如果掌握了你脸书的点赞情况以及你的年龄和性别，就可以预测你和你的配偶到底有多般配。"他说，有一天，我们可能会爱上一台比我们的伴侣更了解我们的电脑。

我开始怀疑视频中的这位数据科学家是否真的相信他自己所说的话。我甚至都不确定他有没有指望过他的听众能够被他说服。他所谓的研究是一项为期 8 周、由 ASI 数据科学公司（ASI Data Science）

为志向远大的数据科学家提供的项目，所以他不太可能像自己所描述的那样实施了所有步骤。

而开展和他一样的项目时，迈克尔·科辛斯基、大卫·史迪威和他们的众多同事是花费了数年时间才完成的。即使这个科学家所做的只是一个演讲练习，我也对这一幕深感不安。这是一个经历过最高水平科学训练的年轻人：剑桥大学的理论物理学博士。因此我很难相信他没有产生过和我一样的怀疑。我想问问他："你的研究基于哪些数据？""你是否测试并验证了你的模型？""通过点赞来识别神经质的人只比随机瞎蒙稍准一点，你怎么看待这个事实？"

看来是 ASI 公司的奖学金引诱他在演示研究项目时把这些疑虑统统抛在一边。这样做的结果是剑桥分析公司给他提供了工作机会，而他也欣然接受。

我不认识这个年轻人，但我认识很多像他这样的人。他们作为我的博士生、研究生或本科生接受我的训练并与我共事。当我观看这段视频时，我产生了一种深深的挫败感。剑桥分析等公司在要求大学为他们培养这样一群野心勃勃的年轻人：既能做研究又能将研究成果以简单易懂的方式呈现出来的人。

我们生活在一个振奋人心的时代。在这个时代里，我们可以利用数据帮助我们做出更好的决策，并让人们了解对他们来说重要的问题。但伴随着这种能力而来的是仔细解释我们能做什么和不能做什么的责任。当我和同事们培训研究人员时，我们会让他们认识到他们所拥有的力量，但我们常常忘记提醒他们要明白自己所背负的责任。似乎我们已经把这项重要的工作交给了行业顾问，但他们正忙于指导数据科学家调整科研方向以实现最大的商业效果。

视频中的年轻人要么是无法认识到他所演示的方法有何局限性，从而被相关公司蒙骗了；要么就是他故意忽视这些限制，并试图蒙骗观众。一位严谨的科学家不会声称"我的算法就像你的伴侣一样了解你"，而会说"对于经常使用脸书的人而言，迈克尔·科辛斯基及其同事们所做的一项研究表明，这些人点的'赞'可以被用来预测人格特征的分数，但目前还不清楚这项发现对以人格为基础所进行的市场营销具有什么样的意义"。

不幸的是，就像布赖恩·康奈利所拟的新闻标题那样，后面一种表态同样没有噱头可言，况且这也不是我们年轻科学家的未来雇主希望他在短短 5 分钟的方法演示中呈现的要点。严谨的科学无法成功销售政治咨询服务。

在特朗普就任总统几个月后，剑桥分析公司从他们的网页中删除了"五大人格模型"的信息。有可靠消息说，脸书曾告诉剑桥分析公司，在开始参与特朗普的竞选活动之前，要删除他们已经收集到的所有用户的"赞"的数据。剑桥分析公司声称他们已经按照脸书的要求行事，因此他们甚至不太会为特朗普的竞选锁定目标受众，而这却与亚历山大·尼克斯在康科迪亚峰会上所说的完全不同。

自那以后，剑桥分析公司表示，它没有使用从亚历克斯·科岗那里得到的任何脸书数据为特朗普的竞选活动提供服务，也没有在竞选活动中广泛地使用人格定向广告。

2017 年 1 月，纽约帕森设计学院副教授大卫·卡罗尔（David Carroll）向剑桥分析公司提交了数据保护申请。剑桥分析公司回复了卡罗尔，并展示了他们所掌握的有关他的个人信息，包括他的年龄、性别和居住地。剑桥分析公司有一个电子表格，其中一栏显示了卡罗尔曾经在民主党总统候选人初选中投过票。

剑桥分析公司利用这些数据来评估他们所认为的卡罗尔对各种问题重要性的排序，比如环境、医疗保健和国家债务。他们的分析结果认为卡罗尔"很可能不是一个共和党人"，而且在选举中进行投票的倾向"非常高"。在极尽夸大其词之能事后，剑桥分析公司却使用了基于年龄和居住地的传统回归方法来预测大卫的投票。他们所采用的数据和方法与亚历山大·尼克斯之前吹嘘的人格定向政治广告相差十万八千里。

在我看来，剑桥分析公司的故事基本上就是一次炒作[①]，他们夸大了自己能够用数据做的事情，但这只是众多案例中的一个。从脸书和声田[②]到旅行社和体育顾问，他们都声称能够创建对我们进行排序并解释我们行为的算法，所以我需要更多地了解这些算法的准确性。这些算法到底有多了解我们？它们是否正在犯着其他更危险的错误？

---

① 在本书付梓时，剑桥分析公司的炒作已经被大规模地揭露了。——作者注
② 声田是一个正版流媒体音乐服务平台，2008 年 10 月在瑞典首都斯德哥尔摩正式上线。

第 6 章

算法中的偏见与歧视能否被去除？

分析人格的算法改变了我的认知，只是它的方式并不是我所期望的。我不太担心算法会对我们做出精确得可怕的预测，而是更担心人们推销算法的方法。

我对剑桥分析公司的判断与我在阅读了关于班克西的文章后得出的初步结论类似。在班克西的案例中，研究人员需要知道他是谁才能来追踪他；在政治竞选或刑事调查中，算法能够起到整理数据的作用，但这不仅仅是按下按钮再找到一名涂鸦艺术家或一群神经质的共和党人那么简单。

人们推销算法的时候，经常说它们能够洞察我们是什么样的人，并能够预测我们未来的行为。社会用它们决定我们是否能够得到一份工作、申请到贷款或者是否应该被送进监狱。

我认为自己需要更多地了解这些算法的内部机制以及它们可能犯下的错误的类型。

什么样的罪犯再次犯罪概率会低？

在美国的一些州，通常会在刑事被告请求假释时用 COMPAS 算法对他们进行风险评估。一些媒体报道称，COMPAS 是一个黑箱，这意味着人们很难，甚至无法对其内部一探究竟。

我联系了 COMPAS 算法的发明人蒂姆·布伦南（Tim Brennan），他也是该算法的供应商 Northpointe 公司的董事。我问他是否愿意解释这个模型的运作方式，几封邮件往来之后，他给我发了一些内部报告，解释了他的算法如何得出刑事被告中的风险评估分数。当我后来采访他时，他相当坦诚地与我讨论了这个模型，并告诉我为了理解它，需要熟悉哪些方程。

蒂姆的模型结合了刑事被告的犯罪记录、第一次被捕的年龄和现在的年龄、教育水平和一个小时的问卷调查来预测他们是否会再次犯罪。接着他用这些数据来拟合根据过往犯人再犯情况做出的一个统计模型。有过违法或暴力记录的人更容易再次犯罪，教育水平较低或吸毒的人也是如此，而有经济问题或经常搬家的人则没那么容易再次犯罪。这个模型正是用人口宏观层面上的信息来做出预测的。

COMPAS 算法中采用的方法与我目前看到的如出一辙：首先使用主成分分析法旋转和降维数据，然后使用根据过往记录做出的回归模型来预测某个犯人是否会再次犯罪。作为一个局外人，要理解这里面的细节绝非易事。技术报告长达数百页，但对模型进行了完整记录，而且蒂姆向我指出了最重要的部分。对比我和剑桥分析公司来往的经历，Northpointe 的开放性给我留下了深刻的印象。

然而算法的发明者公开细节这一事实并不意味着他们的算法就会万无一失。2015 年，朱莉娅·安格温在一篇文章中称，该算法对非裔美国人存在偏见。朱莉娅的 ProPublica 团队使用了唯一的自动防故障措施来检验算法是否公正，那就是看它预测的准确性。

COMPAS 会从 1 到 10 中取一个分值来表征犯人将来因再次犯罪而被逮捕的概率。朱莉娅和她的同事们的研究结果很清楚，得分较高并因此有可能入狱的黑人罪犯中有 45% 的概率被置于过高的风险类别中，相比之下白人罪犯被赋予过高分值的概率仅为 23%。所以没有继续犯罪的黑人罪犯更有可能被算法错误地归类为高风险罪犯。

朱莉娅和同事的文章发表后，蒂姆和 Northpointe 很快做出了回应。他们写了一份研究报告，反驳 ProPublica 的分析是错误的。他们认为，COMPAS 遵循的标准和其他久经检验的算法相同。他们声称，他们的算法对白人罪犯和黑人罪犯都进行了"精心校准"，而朱莉娅和她的同事们都对算法犯错这一概念产生了误解。

Northpointe 和 ProPublica 之间的争论让我意识到偏见问题的复杂性。这些人都很聪明，他们在洋洋洒洒近百页的文章中你来我往地抗辩与驳斥，并辅以计算机代码和更多的统计分析。随后，博客用户、数学家和记者都对双方的辩论进行了热烈讨论，发表了自己对算法偏见的看法。定义偏见是一道数学难题，想弄明白就需要仔细研究它。

为此我下载了 ProPublica 收集的数据，开始了我的研究。ProPublica 收集的这些数据如表 6.1 所示，它们来自佛罗里达州布劳沃德郡。为了理解 ProPublica 的论点和 Northpointe 的反击，我重新制表以便展示 COMPAS 算法将白人罪犯和黑人罪犯进行分类的方式，以及他们是否会因为再次犯罪而被捕。列，显示的是被 COMPAS 算法归为高风险和低风险的人数；行，显示的是再次犯罪和没有再犯的人数。

表 6.1　白人罪犯与黑人罪犯再犯罪风险评估

单位：人

罪犯类型		高风险	低风险	总计
黑人	再犯	1 369	532	1 901
	未再犯	805	990	1 795
	总计	2 174	1 522	3 696
白人	再犯	505	461	966
	未再犯	349	1 139	1 488
	总计	854	1 600	2 454

注：此分解表显示了 COMPAS 算法中的风险评估项目（列）和两年内犯人是否会再次犯罪的预测情况（行）。关于"高风险"和"低风险"的定义及其他细节请参见 ProPublica 的分析报告。

让我们花一分钟看看这张表，问下自己是否认为这个算法存在偏见。首先我们比较一下有多少黑人和白人被归为高风险罪犯。3 696名黑人罪犯中有 2 174 人被列为高风险，概率是 2 174/3 696 ≈ 58.8%。对白人罪犯的情况进行同样的计算后，我们发现他们被归类为高风险的概率仅约为 34.8%。所以黑人比白人更容易被他们视为潜在的犯罪分子。

这种差异本身并不意味着该算法存在偏见，因为在黑人和白人犯人中，再次犯罪的比例有所不同：52.6% 的黑人罪犯在两年内因另一项罪行被逮捕，而仅有 39.4% 的白人罪犯因另一项罪行被抓。归类为高风险或低风险的犯罪者，其总体比例差异并不构成 ProPublica 对该算法的批评基础。朱莉娅和她的同事们认为这个算法一定犯了某种类型的错误。

在评估算法时，我们用"误报"（False Positive，也称假阳性）和"漏报"（False Negative，也称假阴性）来思考通常都是有效的。对于 COMPAS 算法来说，误报指的是一个不会在未来犯罪的人被列为高风险罪犯的情况，也就是说模型做出了肯定却错误的预测。误报率指那些没有再次犯罪却被列为高风险罪犯的人数除以未再犯的总人数。

黑人罪犯的误报率是 805/1 795 ≈ 44.8%，白人罪犯则约为 23.5%，因此黑人罪犯的误报率比例比白人被告高很多。

如果警察拘留了你，并且法官正在借助算法来评估你，那么你得到的最坏结果就是误报。真阳性（True Positive）的判断是公平的：算法预测你存在犯罪风险，而你也确实如此。但误报却意味着你可能被拒绝假释或者被判比应得刑期更长的监禁时间。这种情况更多地发生在黑人罪犯而不是白人罪犯身上，可是被贴上高风险标签的黑人罪犯几乎有一半没有再次犯罪。

与此相反，发生在白人罪犯身上的则更多的是漏报，即某个人被归入了低风险人群，但他却再次犯罪。白人罪犯的漏报率是 461/966≈47.7%，黑人罪犯则是 532/1 901≈28.0%。高漏报率意味着很多本应被拘留的人却重新获得自由并犯下了罪行，这对于社会来说是一个严重问题。几乎有一半再次犯罪的白人在评估中被算法贴上了低风险的标签。

就误报率和漏报率来看，这个算法的表现确实很令人失望，黑人有可能因为它被无辜地判以更久的刑期，而会犯下更多罪行的白人则被释放。

Northpointe 公司针对这一指责回应道，人们应该根据预测结果是否公正地对待黑人和白人来评价他们的算法。他们认为自己的算法的确做到了一碗水端平。

看一下表 6.1 的"高风险"一列，我们会发现，在 2 174 例案件中有 1 369 名被列为高风险的黑人罪犯继续犯罪，其比例约为 63.0%。相应地，854 名白人罪犯中，505 名被归为高风险罪犯的人继续犯罪，其比例约为 59.1%。这两组比值差不多，因此该算法对黑人罪犯和白人罪犯所做的校准可能是恰当的。不管某个特定罪犯属于哪个种族，交到法官手中的风险值都反映了这个人再次犯罪的概率。

这两种评估偏见的方法产生了矛盾的结果。朱莉娅和她在 ProPublica 的同事关于误报和漏报的论证铿锵有力，但是蒂姆和他的团队关于算法校准的回应也理直气壮。针对同样的数据表，两支不同的专业统计学家团队得出了相反的结论。他们两支团队的计算都没有错误，那么到底谁是正确的？

斯坦福大学的两位博士生萨姆·科比特－戴维（Sam Corbett－Davie）、艾玛·皮尔森（Emma Pierson）和两位教授阿维·费勒（Avi

Feller)、沙拉德·戈埃尔（Sharad Goel）均认为，COMPAS 算法给出的是不分种族的预测。

接着，就像数学家们喜欢挑战难题一样，他们指出了一个更具普遍性的问题：如果一个算法对于两个群体来说同样可靠，并且一个群体比另一个群体更有可能再次犯罪，那么这两个群体将不可能有相同的误报率。如果黑人罪犯更频繁地再次犯罪，那么他们被错误地归于高风险类别中的概率就更大。任何其他结果都表明这个算法对这两个种族做了不公平的校准，因为那意味着它必须对白人和黑人罪犯使用不同的评估方法。

在线招聘广告中的歧视陷阱

为了更好地理解这一点，我们先来进行一个思想实验。假设我想在脸书上发布一个在线招聘广告，为我的研究团队招聘一名计算机程序员，那么很简单地，我只要在研究小组的脸书页面上发布一个招聘启事，然后点击"速推帖子"（boost post）按钮来定向发布这个广告。通过使用"寻找受众"（create audience）功能，我可以找到爱狗人士、退伍老兵、游戏机玩家或摩托车骑手。我还可以找到拥有表演、舞蹈和吉他演奏等爱好的人。

脸书没有一个可以让我单独定向男性或女性的选项，我也不认为它应该提供这样的选项。但我知道，由于男女生在高中和大学做出了不同的教育选择，有更多男性而非女性对编程工作感兴趣。我们出于论证需要假设，1 000 名女性中有 125 人对程序员的工作感兴趣，而 1 000 名男性中有 250 人对此感兴趣。

编辑招聘广告的时候，我决定勾选几个我认为能够吸引计算机程序员的选项：角色扮演游戏、科幻电影和漫画。这些应该足够了。我记得自己攻读计算机科学专业时的学生时代是什么样的，因此知道很多程序员都喜欢这些东西。通过这种方式，我可以吸引到一些优秀的申请者，而且不需要把广告费浪费在对这份工作不感兴趣的人身上。

于是我发布了招聘启事并开始等待。

一天之后，脸书将我的广告推送给了 500 个人，包括 100 位女性和 400 位男性。

当我告诉你结果时，你也许会震惊。在这之前，你可能会跟我说，"你在宣传招聘广告的时候带有偏见。角色扮演？科幻小说？你勾的那些选项不仅吸引电脑迷，而且通常情况下吸引的男性比女性多。你的算法不公平！"

"但你看，"我说，"我已经做了统计。我的算法是公平的。"接着，我会拿出表 6.2 给你，并用高人一等的语调一板一眼地说："在被算法推送了广告的 100 位女性中，有 50 位对这份工作感兴趣，并将继续申请这个岗位。"在 400 名看到它的男性中则有 200 人对此感兴趣。因此，对于看到了它的人来说，这份广告不存在性别歧视。

"但是比女性多三倍的男性看到了它！"你喊道，对我蛮不讲理的数字命理学感到绝望，"而且你从一开始就知道，对这份工作感兴趣的女性至少是男性的一半。你是在夸大已有的社会偏见。"

表 6.2　我的（思想实验）脸书宣传广告所针对的男女受众详表

单位：人

受众群体类型		被展示广告	未被展示广告	总计
女性	对职位感兴趣	50	75	125
	对职位不感兴趣	50	825	875
	总计	100	900	1 000
男性	对职位感兴趣	200	50	250
	对职位不感兴趣	200	550	750
	总计	400	600	1 000

当然，你是对的。我制作了一个广告，看到这个广告的男性数量是女性的 4 倍，这不公平。但我会运用和 Northpointe 同样的逻辑去证明自己的算法是正确的。就对这项工作感兴趣的两组人来说，我们做出正确预测的比例是一样的，这就是我所使用的无偏差校准的定义，而无偏差校准也是蒂姆·布伦南认为 COMPAS 算法对黑人罪犯和白人罪犯做了公平预测时所使用的依据。我的广告特别注意消除校准偏差。

现在，你在脸书广告的算法中多勾选了一些选项。我们运行了这个模型之后得到了表 6.3 所示的结果。现在，该算法向 100 名可能会有意愿申请这份工作的女性以及 200 名可能会对此次招聘感兴趣的男性做了推送。100 比 200 的比例反映了潜在的对该职位感兴趣的男女的数量比（125 比 250），此外男性和女性两组人的漏报率（20%）也是一样的。

然而即使我接受了你的处理方式，还是忍不住要指出这里的一个

表6.3 修改后（虽然只是实验性质）的脸书广告的男女受众详表

单位：人

受众群体类型		被展示广告	未被展示广告	总计
女性	对职位感兴趣	100	25	125
	对职位不感兴趣	200	675	875
	总计	300	700	1 000
男性	对职位感兴趣	200	50	250
	对职位不感兴趣	200	550	750
	总计	400	600	1 000

陷阱。看到这则广告的女性中，只有三分之一的人对这份工作感兴趣，而看到这则广告的男性中有一半对此感兴趣。如果再考虑到那些没有看到广告的人，我们可以说这是在歧视男性。在没有看到这则广告的男性中，每11个人中有1个人对这份工作感兴趣，而在没有看到这则广告的女性中，每27人中只有1个人对此感兴趣。我们校准后的新算法变得对女性有利了。

可见不公平的现象就像游乐场里的打地鼠游戏，按下葫芦浮起瓢：你把地鼠从一个地方敲下去，它就会从另一个地方窜出来。你可以自己试着做两个空表，试一试以一种不带偏见的方式把1 000名女性（其中有125名对这份工作感兴趣）和1 000名男性（其中有250名对这个工作感兴趣）的情况填入表中。结果是你做不到。在群体之间进行校准和使男女上班族得到相同的误报率及漏报率这两件事不可兼得，总有一些人会受到歧视。

数学的美妙之处在于我们可以通过它证明普适的结论。这正是康奈尔大学计算机科学家乔恩·克莱因贝格（Jon Kleinberg）、曼尼什·拉加万（Manish Raghavan）与哈佛大学经济学家森德希尔·穆莱纳坦（Sendhil Mullainathan）一起用很多类似表 6.2 和表 6.3 的分布表所做的事情。

在我的例子中，我用了具体的数字组合，但是乔恩、曼尼什和森德希尔都证明了，一般而言，我们不可能在消除两组的校准偏差的同时得到相同的误报率和漏报率。这个结果与我们输入表中的数字无关，除了一个明显的例外——各组的基本特征完全相同。

因此，只有当佛罗里达州布劳沃德县的黑人和白人被告的再犯罪率相同或学习计算机编程的女性和男性一样多时，我们才有希望做出完全没有偏见的算法。当我们生活在一个方方面面都不公平的世界中时，我们就不能指望我们的算法完全公平。

没有公平，只有悖论

这个世界上不存在公平的方程式。公平只是人类的美好愿望，它是我们的一种感觉。当你改变我的广告算法时，我觉得你是对的。就广告宣传活动而言，我本能地更喜欢表 6.3 甚于表 6.2。

当你试图为一个岗位找到最佳合适人选时做了一个吸引男性申请者远多于女性申请者的广告，我们感觉这是不公平的。我们理应投入时间来做出能够更好地找到合格女程序员的算法，即使这意味着它在寻找男性程序员方面有所欠缺，我也会觉得公平。

我还认为，蒂姆·布伦南和 COMPAS 算法的其他发明者在预测中强调消除校准偏差是错误的。如果 Northpointe 能够创造出一种能更准确地识别黑人是否是高风险再犯罪者的算法，即使它对白人起不到同样的效果，我也不会认为这种算法存在种族歧视。因为它能够解决社会中的一个重要问题。

在对 ProPublica 数据集的调查中，我发现了一个有趣的线索，可能有助于创建一个误报率更小的算法。为什么布劳沃德县的黑人罪犯比白人罪犯更频繁地再次犯罪？围绕 COMPAS 算法的争论很少能够抓住关键原因。其实真相非常简单：该调查中的黑人罪犯在被捕时通常更年轻，而总的来说，年轻人更有可能再次犯罪。

因此，如果 Northpointe 能找到一种更好的方式识别那些因为犯罪被捕但在未来不太可能再次犯罪的年轻人，那么我们大多数人都会认为这是一件好事。这样的方法会在不经意地造成白人和黑人之间的校准偏差：由于该调查中的黑人罪犯比白人罪犯年轻，所以在年轻人身上表现得更好的算法整体上来说也会在黑人身上表现得更好。

我想问蒂姆一个问题，校准他的算法对他来说真的就那么重要吗？他更应该考虑的难道不是如何减轻年轻犯人的牢狱之苦吗？他们可能只是因为一次愚蠢的失足而被关进了监狱。

在完成这些分析的几天后，我设法采访了蒂姆，问他对我的看法有什么观点。他耐心地听着我说话，并且同样认为罪犯年龄加上犯罪记录以及是否吸毒，是预测再犯的最重要因素。但他强调，美国有"种族平等的宪法要求"。根据最高法院的一项裁决，除非公众对某一特定问题有非常强烈的关切，否则模型必须对所有群体都同样准确（也就是必须进行偏差校准）。因此，他和他的同事们一直在提高准确性和遵循这些要求之间"走钢丝"。

蒂姆确信，统计测试证明他的模型是没有偏见的，并引用了几份独立的报告来支持这一说法。他告诉我，ProPublica 的报告让人们更多地进行批判性思考，但也让人们忽视了在量刑时使用严格的统计方法这一更重要议题。他告诉我："如果将量刑法官的准确率一并进行考量，那么算法的风险评估水平远远超出了人类的判断水平，在对黑人罪犯造成不公平影响的误报方面尤其如此。"

在 ProPublica 对刑事判决中所使用的算法进行研究之前，加州大学伯克利分校戈德曼公共政策学院的教授珍·斯基姆（Jen Skeem）全面评估了一个名为 PCRA 的判决算法。她的结论是，该算法对黑人和白人被告都是公平的，不应该被贴上偏见的标签。她对我说，这些围绕偏见的争议并不新鲜，不过人们对这种"有偏见的算法"才刚刚表现出愤怒。

珍告诉我："人们往往忽视了最重要的问题，'偏见'比起现有实践来，谁的弊端更大呢？"而这就是她现在正在研究的课题。

我意识到很难在这件事情上厘清孰对孰错。我出于自己的经历和价值观支持消除算法偏见。即便从道德意义上来说我的观点刚好就是对的，它在数学证明上也是不正确的。数学不停地告诉我，没有计算公平的公式。

毫无疑问，珍和蒂姆对算法的使用与第 2 章里提及的朱莉娅·安格温、凯西·奥尼尔和阿米·特达塔一样满腔热忱，所有人都在努力地做正确的事，都希望自己站在正义的一边。

每当我们为了做正确的事情而向数学求助的时候，它给我们的答案始终如一：公平不止源于逻辑。 在数学史上，还有许多其他证明公平难以定义的例子。

　　肯尼斯·阿罗（Kenneth Arrow）的"不可能性定理"（impossibility theorem）告诉我们，不存在一个制度能够让人们在三个政治候选人之间进行选择时，又公平地反映所有投票者的喜好。

　　佩顿·杨（Peyton Young）的著作《公平》（*Equity*）利用数学博弈论来探讨了这一问题，不过作者自己都"承认"该书"堆砌了许多例子，以说明为什么公平不能简单粗暴地被当作包治百病的灵丹妙药"。

　　辛西娅·德沃克（Cynthia Dwork）和她的同事们于 2012 年发表了著作《意识唤醒公平》（*Fairness Through Awareness*），试图在群体平权运动和个体公平之间探索最佳平衡。

但就像乔恩·克莱因伯格和他的同事们关于偏见的研究一样，这些作者通过数学计算找到的只是悖论，而不是合理的确定性。

我想起了谷歌员工曾经引以为豪的一句格言"不作恶"（Don't

be evil），但现在谷歌公司却不怎么提它。难道因为它的一个数学家发现没有公式可以确保百分之百不做错事，谷歌就因此抛弃了它的座右铭吗？

我们可以全力以赴，但永远无法确定我们所做的事情就是正确的。

第 7 章

数据炼金术士能战胜人类吗？

和我交谈过的很多研究人员和活动家都理所当然地认为算法很聪明，并且在迅速地变得更加聪明：算法在数以百计的维度中"思考"，处理海量数据，并了解我们的行为。

这些观点常常来自乌托邦主义者，比如蒂姆·布伦南。他是COMPAS 的创造者，认为能够预测未来的算法将帮助我们做出关键决定；同样地，它们也来自更倾向于反乌托邦主义的人，比如那些在博客上对剑桥分析公司愤愤不平的人。双方都认为目前计算机的表现优于我们，或者它们很快就会在大量的工作中比我们做得更加出色。

媒体不遗余力地渲染说，我们正在经历一场巨变，算法将大有作为。从 COMPAS 算法、剑桥分析公司到谷歌和脸书的定向广告的威力，所有报道无不提到人工智能的潜在危险。

然而到目前为止我发现的却是另外一番景象。更仔细地研究了剑桥分析公司和政治人格之后，我发现算法的准确性存在一些根本局限。这些局限与我自己对人类行为进行建模时所看到的问题如出一辙。我在应用数学领域耕耘了 20 多年，使用过回归模型、神经网络、机器学习、主成分分析法以及许多其他媒体日益关注的工具。也就是在这段时间里，我逐渐意识到，当需要理解这个世界的时候，数学模型通常战胜不了人类。

"每周发现"为何偶尔推荐不合口味的音乐？

我的观点听起来可能让人意外，因为我所从事的工作就是用数学来预测世界。在写作本书的同时，我经营着一家用模型来理解和预测足球比赛结果的公司。此外我还领导着一个学术研究小组，用数学解释蚂蚁、鱼类、鸟类和哺乳动物的集体行为。我对模型的作用深信不疑。所以，从我的立场来说，过多质疑数学的作用不太可能给我带来什么好处。

然而与读者坦诚相对对我来说更重要。在我研究足球的过程中，我遇到了一些顶尖俱乐部的球探和分析师。当我告诉他们某个球员在比赛中创造机会或做出贡献的数据时，他们凭直觉就能解读出这些数据背后的原因，这让我颇为惊叹。我可能会说："在同一位置上，球员 X 传出威胁球的概率比球员 Y 高 34%。"

这时球探就会说："好吧，让我们来看一下他们对防守的贡献……有了，球员 Y 对防守的贡献更大。教练要求他在这个位置上加强防守，因此他创造的进球机会就少了。"虽然计算机非常善于收集大量统计数据，但人类更善于洞悉这些数据产生的根本原因。

　　我的一位足球数据分析师同行加里·热拉德（Garry Gelade）最近开始着手解构足球分析里的一个核心模型，即所谓的"期望进球"（expected goals）。期望进球背后的统计理念非常清晰可靠。在顶级足球比赛中，每一次射门的数据都会被收集：它们来自禁区内还是禁区外；来自头球射门还是脚射门；来自快速防守反击还是阵地进攻；射门时对方的防守严不严密等。

　　然后，分析师会根据这些数据为每一次射门打出期望进球值。正对球门的射门、禁区内射门和面向球门射门将得到更高的期望进球值。斜着射门或者在禁区外射门的期望进球值则会比较低。球队的每次射门都会自动得到一个从 0（不可能进球）到 1（必进球）的值。

　　期望进球统计行之有效，是因为它让我们能够评估一支球队在低得分球赛中的表现情况。一场比赛可能会以 0：0 结束，但是创造了很多机会的球队将得到更高的期望进球值。这些数字能够起到预测作用，在之前的比赛中创造更多期望进球的球队往往会在随后的比赛中收获更多的实际进球。

　　当加里在 2017 年夏天用模型进行分析时，期望进球的概念在主流媒体流行起来。天空体育（Sky Sports）和 BBC 播放了英格兰足球超级联赛（English Premier League）夏季转会球员的期望进球值的统计数据；《卫报》、《每日电讯报》和《泰晤士报》也竞相刊文解释这一概念。而在美国，关于期望进球的统计数据在职业足球大联盟（MLS）和全国女子足球联盟（NWSL）的主页上被广泛展示。人们日渐将期望进球视为衡量一支球队表现的"客观"方法。

加里将期望进球与另一种更人性化的评估足球进球机会质量的方法进行了比较。分析体育竞技表现的公司 Opta 收集了一种它称之为"好机会"（big chance）的指标。一次机会是不是"好机会"，由训练有素的人类操作员做判断。他们会观看整场比赛并仔细观察每一次射门。如果操作员认为这次射门很有可能转化为一个进球，那么他们就将其标记为"好机会"。如果他们认为这不太可能是一次进球机会，他们就把它标记为"欠佳机会"。通过比较"好机会"和"期望进球"，加里就可以比较人类和计算机评估进球机会质量的能力。

我们可以从两方面评估"好机会"的准确性。首先，我们可以看一下那些没有进球得分但被操作员认为是一个"好机会"的射门占多大比例。这个值就是误报率，是我们在第六章中已经遇到过的概念。误报率是指被认为是"好机会"的未进球的射门所占的比例。其次，我们可以看一下那些进球得分的"好机会"射门占进球数的比例。这是真阳性率，也就是说操作员做出正确的预测的比例。加里的分析显示，"好机会"在 7% 的情况下（误报）错误地预测了进球射门机会，在 53% 的情况下正确地预测了哪些射门实现了进球（真正类）。

加里发现，期望进球模型无法得出和"好机会"同样的准确度。不管他对模型怎么调整，后者要么产生更多漏报，要么产生更少的正确预测，始终比不上"好机会"的预测能力。期望进球模型使用了大量数据，但是它们（还）没有打败人类。

我们有了可以衡量绿茵场上球员表现的算法，这乍一听可能让人兴奋，但这种方法并不比一个记录球队每次进球机会的资深球迷强，而前面提到的操作员通常招募自足球球迷。

加里告诉我，他曾经看到一篇文章将"期望进球"鼓吹为"完美"的足球比赛预测模型，在这之后他就着手开始了自己的分析。尽管这样的炒作可能会给他的生意带来短期利益，但从长远来看却会损害足球数据分析的声誉。

加里担任过多个俱乐部的顾问，包括切尔西、巴黎圣日耳曼和皇家马德里。他认为，模型虽然可以帮助人类做出决策，但至少就现在而言，它还取代不了人类。他给我举了一个例子来说明数据分析技术在比赛中是如何被用来观察守门员，并训练他们的站位和移动的。这种方法非常可靠、实用。赛场上的方方面面都可以找到模型的用武之地，但是不存在"完美"的足球比赛模型。

为音乐流媒体服务商声田工作的格伦·麦克唐纳（Glenn McDonald）是另一位对工作实事求是的数据专家。在向听众建议新歌曲以及创建有趣的播放列表等方面，声田希望能够做得比 TIDAL 和 Apple Music 等竞争对手更优秀。这家公司通过了解我们的收听模式来实现这一目标，而且它提供的每一个建议，从"歌曲电台"（song radio）到"为你推荐"（just for you）播放列表，都采用了格伦和他同事开发的音乐分类系统。

声田的音乐分类系统将每首歌视为 13 维空间中的一个点，并将距离较近的点归为一个种类。这些维度即包括客观的音乐属性，如"响度"（Loudness）和"每分钟节拍"（Beats per minutes），也包括更主观的情感属性，如"活力"、"忧郁"和"舞蹈性"。主观属性可以通过听歌环节进行量化，在这个过程中人类实验对象会聆听成组的歌曲，并说出他们认为最悲伤或最适合跳舞的一首歌。算法学习并领会其中的差异后，将自行对其他歌曲进行适当的分类。

格伦创造了一种叫作"一眼识风格"（Every Noise at Once）的交互式视觉化技术，它将声田所有 1 536 种音乐类型都放在一个二维的云里：垂直方向上，最底端的是"深度歌剧"（deep opera），最顶端的是"高科技舞曲"（Techno）；水平方向上，最左边的是"维京金属"（Viking metal），最右边的是"非洲打击乐"（African percussion），它把每一种你可以想到的音乐形式汇集到一起，而且那些风格相似的音乐在这个二维平面中相距很近。这是一项了不起的技术成就，也是纵览世界音乐财富的一种非常简洁的方式。

为了完成一篇《经济学人 1843》（*Economist 1843*）杂志的约稿，我和格伦进行了第一次交谈。在采访之前，我有点担心会忍不住表露自己对声田听歌建议的看法。我曾经常使用声田的"每周发现"（Discover Weekly）服务来寻找新的音乐，但经常颇感失望。

我喜欢忧郁的歌曲，但当我听从 Spotify 的建议欣赏它们推荐的歌曲时，它们产生的情感效果比不上我所收藏的悲伤歌曲。事实上，声田推荐的歌曲往往很无聊，而它的许多其他用户也抱怨相同的问题：相比于他们自己真正喜欢收藏的歌曲，声田推荐的歌就像兑了白开水，寡然无味。

我告诉格伦，我经常收听声田的推荐歌曲，但每一首都只能浅尝辄止，没有哪首歌能够做到让我单曲循环。我原本以为他会产生一些挫败感，没想到他却很乐意承认自己算法的局限性。"我们无法洞察你喜欢一首歌的缘由。"他告诉我。

格伦解释说，声田播放列表最适合用在派对上。"因为这是一个集体活动，"他告诉我，"我们在给社交场合生成播放列表方面做得很好，在集体活动中被人跳过不放的歌曲数量也很少。而为你个人推荐新歌的时候，每10首歌中你如果能够喜欢1首，我们就已经很满意了。"他说的没错。当我们在家招待朋友的时候，我和妻子经常会选择播放声田上一个大众化歌曲列表。这样就避免了在歌曲选择上的分歧，而且我们也确实经常喜欢它的推荐歌曲。

格伦告诉我推荐歌曲的过程远非纯粹的科学，"我有一半的工作是检查电脑做出的推荐中有哪些是合乎情理的"。当格伦为自己的职责选择头衔时，他要求人们称他为"数据炼金术士"，而不是"数据科学家"。他认为自己的工作不是寻找音乐风格的绝对真相，而是提供合乎情理的音乐分类。而这个过程需要人类和计算机协同工作。

考虑到"一眼识风格"这个口号的影响范围多么巨大，格伦的谦逊强烈地触动了我。和我交谈过的许多数据科学家一样，他认为自己的工作是在极高维的空间中探索。但在和我交谈过的人当中，他第一个公开承认我们思想中存在着极其私人及不可知的维度。他谈起了我们听到让自己初闻倾心的那首歌时我们的感觉，以及在我们第一次摸方向盘时听到一首歌的感受。格伦还谈论了那些让我们对生活有所感悟的歌，以及改变我们对待同性恋者或种族主义者态度的歌曲。他承认这些都是他无法解释的东西。

长时间盯着手机，广告将如影随形

数据炼金术这个概念完美地体现了现代数字营销的运作方式。在和格伦交谈后不久，我采访了途易集团北欧分公司（TUI Nordic）的品牌和绩效主管约翰·于德林（Johan Ydring）。途易集团掌控着数千家旅行社和在线门户网站，经营着数百架飞机和酒店，客户多达 2 000 万。约翰的工作是确保公司收集的所有客户数据以及从脸书和其他社交媒体网站获取的数据物尽其用。

约翰形容他的工作是"假装聪明"。他的团队会提出四五种向特定目标群体进行营销的方法，并一一尝试。如果某种方法起到了作用，他们就会在更大的群体身上进行试验。

最简单的方法往往就是最好的。如果一位顾客连续两次假期预订了前往西班牙的旅游服务，那么约翰的团队就会确保他每年预订来年夏天假期旅行的时候，其消息流中会适时地出现一则脸书广告。这则广告可能会建议去葡萄牙，一个顾客从未去过的地方。

这可能会让用户感到阴魂不散，他们会觉得脸书已经学会了读心术。前几天他们刚刚和一个朋友在脸书上谈论葡萄牙的阿尔加维（Algarve）地区，现在关于阿尔加维的广告就出现在了他们的屏幕上。其实，用在他们身上的不过是一个简单的统计花招：数据炼金术士们已经计算出了人们通常预定假期旅行的时间，并找到了在西班牙和葡萄牙之间旅行的关联。

我们大多数人都有过这样的感觉：脸书或谷歌已经读懂了我们的

想法。有个晚上，我的儿子在吃晚饭之前被 YouTube 上的广告"轰炸"了，那是他最喜爱却是市面上最不健康的面包的广告。最近，我妻子在本地商店里第一次买了某个品牌的巧克力，结果突然之间，这个品牌的广告就开始出现在她的脸书消息流中。

在经历了定向广告的"轰炸"后，我经常听到家人和朋友说，他们怀疑互联网正在窥探他们。他们开始猜测沃茨普（WhatsApp）是否会出售他们的私人信息，或者苹果手机是否会记录他们的对话。

关于公司滥用私人信息的阴谋论不太可能站得住脚。更合理的解释是，数据炼金术士们发现了我们行为中的统计关系，并帮助这些公司向我们推送定向广告，比如看《我的世界》和《守望先锋》（Overwatch）的孩子们晚上吃三明治，而我的妻子可能没有留意到她之前就已经在脸书上浏览过那个巧克力品牌的广告了。

"阴魂不散"的广告还有另一个主要来源，那就是重定向：我们搜索过阿尔加维的旅行，只是忘记了。但是网络浏览器却已经记住这些信息并反馈给了途易集团，于是后者根据这些信息为我们推荐最好的酒店房间。

我们被海量广告狂轰滥炸。我们长时间盯着我们的手机和屏幕，这使得广告似乎能够不时地读懂我们的想法。

真正聪明的并不是算法。这些才智来自数据炼金术士，他们把数据和自己对客户的理解相结合。约翰和他同事的方法很成功，因为它对业绩的影响立竿见影，甚至有时能增加 10 倍的销售额，但他们的方法并没有遵循明确的科学方法论，因此比较缺乏严谨性。

约翰告诉我，即使有一个非常聪明的数据科学家对其客户的详细模型研究了 10 年，他也不相信这个模型值得投资。他告诉我说："我们的方法需要对大量的人员进行研究，目前这些数据还不够可靠，无法专门定向小目标群体。"

与加里、格伦和约翰的交谈让我意识到，算法对人进行分类的道路还很漫长崎岖。**由于算法的预测依赖于点"赞"的数据，它对我们行为的预测，在精确性上不及我们身边的人。只有被了解其局限性的人使用，算法才能发挥它最大的作用。**

就在我得出这个结论的同时，我发现了与 COMPAS 算法有关的一些新情况，一些光靠自己的能力永远无法明白的事情。

在测试中，业余人士打败了算法

在我忙着写这本书的时候，来自新罕布什尔州达特茅斯学院计算机科学专业的学生朱莉娅·德雷斯尔（Julia Dressel）发表了一篇引人注目的优秀论文。她也研究了预测犯人再次犯罪的算法模型，但采取了不同角度。她想看看与人类相比，这个算法的表现会有多好。

为了比较人类和算法，朱莉娅借助了 ProPublica 从佛罗里达州布劳沃德县的罪犯那里获取的数据。她采用了罪犯的性别、年龄、种族、过往不端行为和犯罪记录以及起诉书对犯罪所做的事实描述，来建构描绘罪犯的标准化段落，格式如下：

被告【种族】【性别】【年龄】，被指控犯有【犯罪指控描述】。该罪行等级为【罪行等级】。之前已【次】被宣布有罪。

有过【次】青少年重罪指控、【次】青少年行为不端指控记录在案。

直接从布劳沃德县的数据库提取每个变量（种族、性别等）并套到上面的格式中，这就是关于罪犯的所有信息，没有对罪犯进行心理测试，没有对以前的犯罪行为进行详细的统计分析，也没有任何面谈。朱莉娅研究的课题是，未曾受过法律培训的人是否可以通过这个简短的描述预测被告是否会再次犯罪。

为了验证她的猜想，朱莉娅使用的工具和亚历克斯·科岗在他研究伊始所用的一样："机械土耳其人"。她给在美国工作的这些"机械土耳其人"1美元，请他们评估50个不同被告。在他们看过每一段描述之后她会发问："你认为这个人会在两年内犯下另一项罪行吗？"他们需要回答"会"或"不会"。朱莉娅提前告诉这些人，如果他们在至少65%的案件中做出了正确的回答，他们将获得5美元的奖金。这给了他们额外的动力去做出好的预测。

几乎一半的"机械土耳其人"答对了足够多的问题，赢得了奖金。参与调查的"机械土耳其人"平均正确预测了他们63%的案例，将近二分之一的人拿到了这额外的5美元。

更重要的是，他们的表现比起算法来说差距并不大，实际上几乎平分秋色。

对于在量刑时使用算法的人来说，这是一个发人深省的研究结果。尽管算法纷繁复杂，必须广泛收集数据、对罪犯进行长时间采访、采用主成分分析和回归模型、编写150页的使用手册，还要花费很多时间来训练法官使用它，但它产生的效果并不比人所做的判断好，而且这些人是从互联网上随机招募来的。不管我们找的被测试者是谁，都可以肯定一件事情——花点时间猜一下谁可能再次成为罪犯就能挣到1美元，人们何乐而不为呢？结果就是，业余人士打败了算法。

朱莉娅担心技术会在很多方面成为压迫弱者的帮凶，正是出于这个原因，她展开了研究。她告诉我：**"人类总是理所当然地认为技术是客观公正的，所以那些技术未能带来公正的时候往往是最危险的时候。"**

COMPAS算法存在种族偏见的新闻被广泛报道，这是最初促使朱莉娅展开研究的动因。她想知道人类是否会表现出与算法相同的偏见。在这点上，她的研究结果支持了蒂姆·布伦南的观点，即他的算法是公平的。不管对被告的种族是否知情，"机械土耳其人"都做出了同样的判断，而这些判断几乎在各个方面都与COMPAS算法所做的如出一辙。因此，如果说"机械土耳其人"是种族主义者，那么COMPAS算法也是，如果说"机械土耳其人"不是种族主义者，那么COMPAS算法也不是。

不，COMPAS并不比我们更种族主义，但也不是特别有效。朱莉娅为我简明扼要地总结了她的重大发现："我发现，一个被广泛用于预测再犯的大型商业软件，并不比那些几乎没有刑事审判经验的人根据在线调查问卷结果所做的预测更准确、更公平。"

　　我同意她的观点。我对数据的研究表明，基于年龄和前科所建立的模型，其精确度与 COMPAS 相似，而"机械土耳其人"在做出判断时所依赖的也是那些元素。

　　我没有办法系统地测试所有判断人类行为和性格的算法，因为我的时间有限。但对于那些我详细研究过其模型的领域——足球、音乐品味、犯罪预测和政治人格——我得出了同样的结论，在预测的准确性上，算法最多和人类不相上下。

　　这个结论并不意味着算法毫无用武之地。即便算法在准确性上和人不相上下，但它们在速度上存在巨大优势。声田拥有数以百万计的用户，雇用人类操作员来评估它的每一首歌属于哪种类别将会产生难以负担的成本。同理，途易的数据炼金术士也选择使用算法来确保我们了解到最适合我们的假期安排。

　　如果算法的表现与人类的水平相同，那么计算机就会获胜，因为它们处理数据的速度远非人类可比。所以，模型虽然远远不够完美，但确实非常有用。

　　然而大规模使用算法来判断将要假释的犯人再次犯罪的倾向时，上述的解释就不那么正确了。COMPAS 算法所需的数据采集复杂而昂贵，并且能够处理的案例相对较少，因此没有充分理由用机器代替人工。还有一个关键问题涉及算法的侵入性和个人隐私的保护。在"机械土耳其人"的判案实验中，工人只得到了关于犯人的公开信息，却也做出了准确判断。对许多犯人来说，接受面谈和评估是一个有损人格的过程，然而这个过程似乎并没有提高再犯率预测的水平。

在目前所有这些与我交谈过的人当中，朱莉娅最让我印象深刻。她没有为谷歌、声田或途易之类的跨国公司工作，她没有在剑桥或斯坦福这样的学术机构担任教授，她也没有得到 ProPublica 或《卫报》之类大型媒体的支持。她只是一名大学生，一名想要挑战她所生活的世界并在短短的时间内取得了惊人成绩的大学生。正是像朱莉娅这样的人让我们不至于在信息和人工智能时代六神无主。

第二部分

算法想控制我们
OUTNUMBERED

个人信息的大数据如何影响和塑造

我们的情绪反应与行为模式?

—————— 尤瓦尔·赫拉利 ——————

享誉全球的历史学家、哲学家
超级畅销书《人类简史》作者

在最初的几年里，人工智能可能会在很大程
度上模仿初期"哺育"它的人类原型，但随着时
间的推移，人工智能文化将大胆地走向人类从未
涉足的领域。

OUTNUMBERED

第 8 章

数据让我们在选举中失望

随着 2016 年美国总统大选投票开始，政治预测网站 FiveThirtyEight 每小时访问量达到数千万。当时，美国选民和世界各地的公民不断刷新他们的浏览器，想知道希拉里·克林顿或唐纳德·特朗普成为下一任美国总统的可能性。希拉里获胜的预测结果一度精确到小数点后一位数，不停地上下浮动，64.7%、65.1%、71.4%……而且每天都在变化。

在第一次总统竞选辩论之前，这一数字曾一度低至 54.6%，在第三次辩论之后上升至 85.3%，最后定格在 71.8% 不再变化，因为美国人已经投票，一切都尘埃落定。

我不确定 FiveThirtyEight 网站的访客不断刷新，关注选举预测结果的小数点后几位，到底希望找到什么。我也是其中一员，我也不确定我想要什么，也许是某种形式的确定性吧。

第二天早上所有的不确定性都烟消云散了。特朗普 100% 赢了，希拉里 100% 输了，就是这么简单。没有精确到小数点后几位，没有必要，大家看空的人赢了，大家看好的人输了。

特朗普如何以 9% 的概率当选美国总统

这不是预测模型的第一次失败，也不是最离谱的失败。也许近年来最糟糕的民意调查错误发生在 2015 年英国大选的预选阶段。在投票的前一天，《卫报》的算法模型预测保守党和工党得票不相上下。第二天早上结果出来后，就连保守党领袖大卫·卡梅伦（David Cameron）似乎也对他们取得议会中的多数席位感到惊讶。

英国接下来的全民公投是脱欧议题。众多的民意调查结果表明选择留在欧盟和选择脱离欧盟的票数很接近，但大多数算法模型都错误地预测了英国脱欧公投的结果。在 2017 年的英国预选中，就连民意测验专家似乎也不知该如何向大家展示自己的预测。在投票前 10 天，市场调查公司 YouGov 的算法模型预测，与之前的选举相比，保守党获得的投票数将大幅下降。

YouGov 的模型与其他主要的民意调查结果相左，所以当 YouGov 被批评在《泰晤士报》头版高调刊登它的预测结果后，公司承认自己对选举结果非常紧张。虽然事后证明 YouGov 做出了正确的预测，而且选举结果是议会中无任何党派占明显多数，但许多人仍然认为它只成功了一半。越来越多的人认为算法模型无法预测选举——小数点没有任何意义。

这些挫折发生在选举统计模型大行其道的十年之后。在这十年时间内，选举预测经历了从报纸主导的民意调查到在线政治网站的平台转变，比如由内特·希尔弗（Nate Silver）经营的 FiveThirtyEight 网站，以及《纽约时报》的"一锤定音"（the Upshot）。

我们此前已经知道，算法是基于概率而非非此即彼的结果来工作的，民调预测也不例外。没有一个合理的算法会断言某人一定会犯罪或者会去葡萄牙度过下一个暑假，同理，也没有一个算法，哪怕是为《赫芬顿邮报》（*Huffington Post*）量身定做的算法，会断言希拉里百分之百获胜。

根据民调结果创造出预测模型的大数据专家面临着这样的挑战，我们人类不断地以二元对立的态度看待概率预测："是"或"不是"；"英国脱欧"或"留欧"；"特朗普"或"希拉里"。我们"懒惰"的头脑喜欢确定性。2012 年美国总统大选之后，内特·希尔弗的模型准确地预测了美国所有州的选举结果，博客和社交媒体将他奉为天才。《卫报》称他"神机妙算"。

然而就在短短几年之后，当内特预测特朗普仅有 5% 的机会成为共和党提名人时，《卫报》又称他"错得离谱"。到 2016 年美国总统大选时，FiveThirtyEight 预测希拉里胜选的概率为 71.8%，结果社交媒体铺天盖地地对他的算法口诛笔伐。《纽约时报》的一位专栏作家写道，"对数据统计人员来说这将是一个难眠之夜"，暗指希尔弗和其他众多统计学家都做了错误的预测。

我们喜欢我们的世界同时存在英雄和坏人，天才和白痴，我们喜欢非黑即白的确定性世界，而不是现实而充满概率的灰色。因此，我们对民意调查时爱时恨，也就不会让人意外。

我们一开始就得明确一些事情。尽管使用模型来预测选举不时失败，它还是比我们抛硬币猜输赢要准确得多。尽管大多数模型预测英国脱欧和特朗普胜选的概率不到 50%，但例外情况谁也不能保证不会发生，因此我们不能认定常规无用。

大多数情况下，民意调查以及基于民意调查做成的预测模型，给出的是某个最终结果出现的可能性，也就是概率。特朗普得到的 28.2% 获胜概率并不小。我随便抛一下四面的龙与地下城（Dungeons & Dragons）骰子得到 4 点，大家就会叫我大师。

事实上，有证据表示，民意调查做得越细致、越频繁，得到的预测就越准确。图 8.1 显示了过去 80 年来美国大选民调的准确性。2016 年的一次失误不代表民调的准确性就大打折扣。

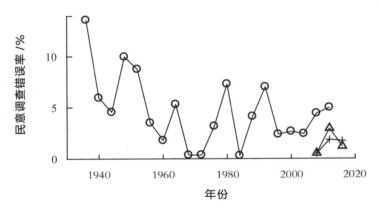

图 8.1　美国总统选举中民意调查预测与实际结果之间的误差

注：圆圈代表盖洛普民意测验，三角形代表 RealClearPolitics 的预测，十字代表 FiveThirtyEight 的预测。

现代选举预测的背后是一套可靠和行之有效的方法论。在民调预测者们看来，选举结果是一条钟形曲线，他们称其为概率分布，如图 8.2 所示。曲线的最高点代表选举中最有可能的结果，"钟腹"的宽度代表了我们对选举结果的不确定性。一个非常窄的钟腹代表高度的确定性，一个宽的钟腹代表着高度的不确定性。

预测模型将根据新的数据不断地调整我们的钟形曲线，如图 8.2 从上至下所示。让我们假定，一开始我们不太确定哪位候选人领先，但是我们估计在民意调查中希拉里具有领先特朗普 1 个百分点的优势，我们可以用一个较宽的钟形曲线来表示这个概念，如图 8.2（a）所示，曲线的中心在 +1 位置（希拉里一侧）。

在民意调查中，1 个百分点的领先优势意味着 50.5% 的人表示将投票给希拉里，而 49.5% 的人表示"将投票给特朗普"。这些数字，50.5% 和 49.5%，并不是候选人获胜的概率。不过，假定当天是大选投票日，我们可以利用曲线下的面积来计算出特朗普或希拉里获胜的概率。在这个案例中，特朗普有 42% 的概率获胜，希拉里则有 58% 的概率获胜。因此，尽管我们相信希拉里处于领先，但我们仍然认为特朗普有一定的机会赢得选举。

现在我们另外假设，一项新的民意调查显示，特朗普在全国范围内领先 1 个百分点。对这一结果的一种可能解释是，特朗普真的领先希拉里，但我们目前的钟形曲线中心被放错了位置。另一种解释是他仍然落后，但民调结果却不成比例地调查了更多的特朗普支持者。因此，即使是最好的民意调查也包含不确定性，一方面是因为它们只调查到很少一部分美国人，另一方面也是因为还有一些人在犹豫到底支

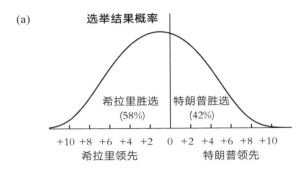

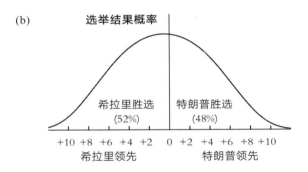

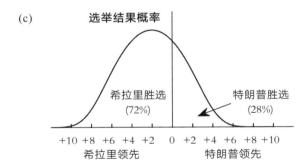

图 8.2　三种选举结果预测的钟形分布图

注：曲线高度与不同结果的概率（无单位）成正比，纵轴左边曲线下的面积代表希拉里胜选的概率，右边曲线下的面积代表特朗普胜选的概率。曲线仅供演示需要，与真实民调数据无关。

持谁。为了反映这种不确定性，我们将钟的中心向右移近特朗普领先的区域，并且把它拉宽，如图 8.2（b）所示。

2016 年 9 月 26 日一项 A+ 级民意调查 Selzer & Company 显示特朗普拥有微弱的领先优势，FiveThirtyEight 随即对自己的模型做了类似的调整。在此之前，FiveThirtyEight 预测希拉里的获胜概率为 58%。而当它根据最新的民意调查结果更新了模型后，FiveThirtyEight 预测希拉里有 52% 的概率获胜。

在 2016 年大选接下来的几周中，大多数民意调查显示，希拉里以微弱优势领先，于是钟形曲线逐渐往左移动并变得窄长。随着时间的推移，民意调查慢慢地将预测她获胜的概率扩大至 70% 多。到了这个时候，钟形曲线看起就像图 8.2（c）所示那样。

概率分布法要求对预测的所有不确定性进行详细的记录。因此，希尔弗和他的团队创建了一个完整的政治民意调查专家名单，并根据他们的水平从"A+"到"C-"对他们进行降序排名。另外还有一个 F 组，列入的是那些被认为是伪造调查数据或调查手法不道德的民调结果。希尔弗和他的团队根据这一排名和调查的新旧程度来给予不同的民意调查结果不同的权重。

FiveThirtyEight 研究了民意调查的有效性能够持续多长时间，并使用回归模型预测了全国调查如何反映不同州的民意。一旦完成这些全部数据的收集和整合工作，FiveThirtyEight 团队就会模拟选举，将各种各样可能的偏差考虑在内，并更新其钟形曲线。许多人在选举前不断地点击刷新的最终预测数字，其显示的就是领先者曲线下的面积。

希尔弗的方法有缜密的思维支持，而且他对民调数据的权重做了大量工作。媒体在 2016 年大选后对希尔弗的预测进行了负面报道，他对此表示不满，也是可以理解的。以 FiveThirtyEight 网站为阵地，希尔弗在一系列文章中展开了反击媒体的行动。《纽约时报》是他攻击的焦点。

在投票前的几周，《纽约时报》还没有意识到，选举团制的微妙之处使希拉里的领先优势非常微弱。《纽约时报》的一名记者写道，在民意调查中失去几个百分点，将使民主党人无法获得压倒性的胜利，但她还是会赢得决定性的胜利。在记者看来，希拉里的胜利或多或少是板上钉钉的，问题只在于优势能有多大。

那位记者的推理实属无稽之谈。图 8.2 中的概率分布显示了各种可能的最终图景。即便一个候选人拥有和希拉里相同的赢面——大约 72% 的获胜概率，选举还是有可能产生许多不同结果，包括希拉里的压倒性获胜和特朗普的当选。如果不讨论潜在的可能性，那么我们不管强调哪一种结果都毫无意义。

当获胜的希望落空之后，《纽约时报》发表了一篇题为《数据如何让我们在选举中失望》的文章，讥讽数据统计人员将度过一个难眠之夜。《纽约时报》的"一锤定音"模型预测希拉里胜选的概率为 91%，于是这篇文章罗列了自己的模型以及内特·希尔弗和 FiveThirtyEight 预测方法中所谓的问题。《纽约时报》没有能力解释不确定性，却诿过于统计学家。对内特来说，这无非印证了媒体很难从概率的思维出发，写出一篇合理的文章。

通过研究过去 10 年里 FiveThirtyEight 的发展历程，我收获了意外的惊喜。这个网站简直就是一个关于数学模型局限性的有力案例。内特·希尔弗水到渠成地成了这方面研究的权威。他积累了大量的财务资源（FiveThirtyEight 由娱乐与体育节目电视网所有），由此能够根据大量可靠的数据建立复杂的模型。

从阅读他的书《信号和噪声》（*The Signal and the Noise*），我可以看出他是一个聪明、头脑冷静的人。他精通数学，对预测模型的运作方式做了深入思考，理解数据和现实世界之间的关系。如果说有人能够创造出一个接近完美的选举模型，那这个人非内特·希尔弗莫属。

专家预测有时与猩猩扔飞镖无异

至于人类行为分析方面，迄今为止我们所看到的算法和人类相比，准确度最多只是平分秋色。预测再犯罪的概率时，朱莉娅·德雷斯尔的"机械土耳其人"与最先进算法的水平不相上下，但他们所用到的数据少得多；基于点"赞"做成的人格模型距离"了解我们"还很遥远，而声田也在致力给出和朋友一样准确的音乐推荐。

我想知道同样的限制是否存在于 FiveThirtyEight 模型中。考虑到内特·希尔弗占据的资源，FiveThirtyEight 是算法预测中无可争议的王者。我想知道人类是否有实力与它一决高下，他们能匹敌内特的模型甚至打败它吗？

在总统初选期间，美国的《咖啡馆》（*CAFE*）杂志聘请了一位名叫卡尔·迪格勒（Carl Diggler）的专家，他拥有"30 年的政治新闻从业经验"，只凭自己的"直觉和经验"为美国各州的每一场初选做出预测。

毫无疑问他对自己的工作很在行。在"超级星期二"[①] 的 22 场初选中，他猜对了 20 场竞选结果。当他的预测能力在一场又一场的选举中得到验证的时候，他向希尔弗发起了挑战，要来一场短兵相接的预测竞赛。

希尔弗没有回应，但迪格勒还是坚持与之较量。在初选结束时，迪格勒的准确率为 89%，达到了和 FiveThirtyEight 同样的水平。不仅如此，他预测的场数是希尔弗网站预测的 2 倍之多。可以说卡尔·迪格勒是美国总统初选的预测冠军。

卡尔·迪格勒的预测货真价实，但他本人不是。他是一个虚构的人物。两名记者费利克斯·比德曼（Felix Biederman）和维吉尔·德克萨斯（Virgil Texas）凭自己的直觉做出预测，并开设了卡尔·迪格勒专栏。他们最初就是想讥讽一下那些像迪格勒一样夸耀自己准确率的政治专家，但当他们开始做出成功的预测时，他们把矛头转向了希尔弗。

选举结束后，维吉尔在《华盛顿邮报》上发表了一篇评论文章，批评 FiveThirtyEight 的预测存在误导性。他指责希尔弗的预测是不能被"证伪"的，因为人们无法对它们进行测试，并批评 FiveThirtyEight 似

---

① "超级星期二"这一名词首次诞生于 1984 年美国总统大选。美国总统选举可分为预选和大选两个阶段，年初预选时会有多个州集中在星期二进行选举，其结果会对党内最终提名产生重要影响，因此这一天被称为"超级星期二"。

乎两头下注，用概率来保证其预测万无一失。

在迪格勒成功预测的基础上，维吉尔对希尔弗算法的批评没有切中要害。希尔弗的模型无法证伪这个说法是不对的，我会在接下来的篇幅中证明它可以接受测试。事实上，维吉尔在《华盛顿邮报》上发表的文章具有严重的"选择性偏差"（selection bias）和"被随机愚弄"的意味，前者是心理学名词，后者是金融大师纳西姆·塔勒布（Nassim Taleb）发明的词。

这篇文章之所以引发关注，完全只是因为迪格勒的预测拥有很高的准确率，其他没有做出准确预测的真实或虚构的专家则不为人知。虽然迪格勒做了很多正确的预测，可一旦脱离了这些结果所具有的讽刺意味，它们也就没有了任何意义。

所谓的专家和媒体学者的预测已经被广泛研究，并与简单的统计模型进行了比较。宾夕法尼亚大学沃顿商学院的心理学教授菲利普·泰特洛克（Philip Tetlock）在 20 世纪 90 年代和 21 世纪前十年的大部分时间里都在研究专家预测的准确性。他用一句话总结了这一时期让人无比震惊的研究结果："一般专家预测的准确率就和一只猩猩扔中飞镖的概率相差无几。"

从长远来看，像卡尔·迪格勒这样靠直觉预测的人，其表现不会超过用抛硬币成功预测的概率。其他可能像维吉尔·德克萨斯那样在预测之前仔细研究数据的人，其表现或许和简单的统计算法 [例如"跟上最近的变化"（follow the recent rate of change）或者"现在谁领先就预测谁赢"] 相去不远。

不管是卡尔还是维吉尔都无法成为 FiveThirtyEight 算法真正的挑战者。"专家"通常预测失败这一点并不意味着菲利普·泰特洛克的研究抵达了终点。他在此之后观察了一个小群体，他们对政治、经济和社会事件都做出了相当准确的预测。

菲利普把这些人称为"超级预言家"，而且他发现了越来越多这样的人。他们来自各行各业，但有一个共同点：他们对各种信息进行汇总并赋予权重，以便逐渐提高他们预测未来事件的准确性。这些超级预言家会根据最新信息谨慎地调整他们的预测。作为人类的他们运用概率推理，在头脑中建立钟形曲线。

在 2016 年的总统大选中，这些超级预言家也都行动了起来。作为群体，他们的准确性不过和 FiveThirtyEight 打成平手。所有这些超级预言家预测特朗普获胜的平均概率为 24%，而 FiveThirtyEight 预测这一概率为 28%，卡尔·迪格勒预测希拉里 100% 获胜。虽然内特·希尔弗和超级预言家们"两头下注"，但他们无疑是对的。

超级预言家们没有对美国各州进行单独的预测，因此很难将他们的预测和 FiveThirtyEight 的预测进行彻底的比较。因此，我决定和研究小组成员亚历克斯·斯佐科夫斯基（Alex Szorkovszky）探究一下人类的预测方法在全部 50 个州的表现如何。

PredictIt 是新西兰惠灵顿维多利亚大学运营的一个在线市场。它允许其成员对政治事件的结果押上小赌注，比如："哪个政党会在 2016 年的总统大选中获胜？""从 7 月 6 日中午至 7 月 13 日中午唐纳德·特朗普的推特中有多少条会提到 CNN？"各种预测直接在用户之间进行交易，价格反映的是事件发生的概率。

例如，"特朗普会在那周发布超过 5 次的关于 CNN 的推文"这一预测被市场定出 40 美分的价格，而且我相信他会在推特上发布 6 条或更多推文的概率超过 41%，那么我就可以买进这个选项了。如果特朗普发了超过 5 条关于 CNN 的推文，我的投资就为我进账 1 美元。如果他只发了 5 条或更少的推文，我的投资就打了水漂。

"PredictIt"市场允许其用户进行概率交易。没有人能保证所有的用户都能像超级预言家们一样聪明，但是那些不仔细考虑事件发生概率的人很快就会亏钱。与受金融利润驱使的博彩公司不同，该网站并没有竭力鼓励失败者继续投注或者禁止赢家多玩。他们的目的是让最好的预测者相互竞技。"PredictIt"算法给那些做出好预测的人支付报酬，并给那些做得不好的人一点惩罚。这是一种聚集群众智慧的非常简单的方式。

在《华盛顿邮报》的一篇文章里，维吉尔·德克萨斯指责 FiveThirtyEight 做出了不能被证伪的预测。他称类似"希拉里有 95% 的概率赢得民主党初选"这种判断是"无法验证的论断"。这种指责放在任何一场选举中都是对的，因为你没有办法以完全相同的方式将 2016 年的英国脱欧公投或美国总统大选重演一次。

但是，当你像 FiveThirtyEight 一样在多年中为美国各州众多不同的选举进行预测，那么这种批评就是错误的，因为概率预测是可以被验证的。当 FiveThirtyEight 宣称它 95% 确定 10 件事情会发生，但结果只有不到一半的事件发生时，那么我们很可能会质疑它的方法。如果其中 9 件甚至 10 件事情发生了，那么我们更乐意认同其方法的合理性。

你的预测越大胆，它的质量就越高。衡量预测质量的一个好办法是根据"大胆"程度把它们分组，然后比较预测结果在实际发生中所占的比例。图 8.3 是 FiveThirtyEight 和预测市场 Intrade 及 PredictIt 的结果。图的最左端和最右端是大胆的预测，代表民主党候选人将以 95% 以上的概率赢得或者输掉某个州的选举。FiveThirtyEight 和在线市场做出的全部大胆预测都被证实是对的：热门候选人赢下该州选举。

确定性在 5% 到 95% 之间的是"胆小"的预测，如图 8.3（a）和 8.3（b）的中部所示。这些预测的质量可以通过它们与虚线的距离来衡量。在这条线上方的圆圈表示这种预测明显低估了民主党的获胜机会，而位于这条线下方的圆圈则表示这种预测高估了民主党的获胜机会。在 2016 年，预测市场和 FiveThirtyEight 都有一种非常轻微的倾向，在共和党占优势的州中他们会高估民主党获胜的机会。这种趋势在统计学上并不显著，并且可以合理地归因于偶然性。

预测的质量也可以用"胆大"和"胆小"的预测数量来衡量。如果我在第二次世界大战之后的每一次总统选举之前都宣布，民主党获胜的可能性是 50%，那么我一半的预测都是正确的，因为正好大约一半的总统是民主党人。但应该没有人会因为我把每次选举都看作一次猜正反面的抛硬币游戏，而称我为天才。

图 8.3 中圆圈的大小与每种预测的数量成正比。因此，FiveThirtyEight 预测图的底部和顶部大圆圈说明，他们做出了更多的"大胆"预测，

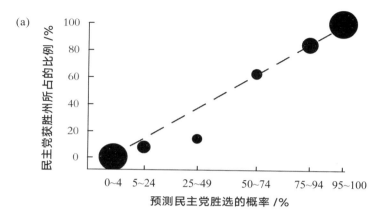

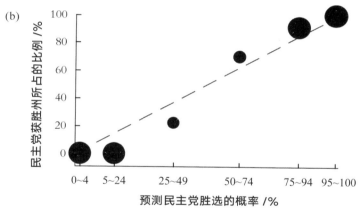

图 8.3 2008、2012、2016 年美国总统大选预测与实际结果比较

注：（a）为 FiveThirtyEight 的预测情况；（b）为 Intrade/PredictIt 的预测情况。圆圈的直径与每组预测的次数成正比。

而不是位于中间的"胆小"预测。而预测市场则稍微不那么"大胆"，尤其是在碰上热门候选人的时候。**这可能是由赌博中所称的"冷门偏差"（longshot bias）所致**，总有人会对一件不太可能发生的事情下个

很小的注，幻想以小博大。然而，这些人常常会失败。

通过计算布莱尔分数（Brier score）[1]，我和同事亚历克斯发现，在过去的三个选举年中，模型和大众对各州的预测水平相差无几。2012年的大选中，FiveThirtyEight 的表现略好于预测市场，当时它做出了一个非常大胆的预测，认为奥巴马是一个明显的热门人选。PredictIt 上的能人异士和 FiveThirtyEight 的模型在 2016 年总统选举的预测上平分秋色。双方针对绝大多数州给出了相似的判断，同时双方在对特朗普的预测上也不像媒体说的那样错得离谱。

卡尔·迪格勒和他的直觉预测排在第三位，但他的布莱尔分数与前两名的差距不如我想象的那么大。预测 2016 年各州选举结果的时候，卡尔的布莱尔分数为 0.084，FiveThirtyEight 为 0.075，PredictIt 则为 0.070（布莱尔分数越低越好）。在此，我不得不夸赞一下维吉尔·德克萨斯，他并非像菲利普·泰特洛克研究中的投飞镖的黑猩猩那样，是一个差劲的"专家"。

不过 PredictIt 和 FiveThirtyEight 的比较存在一个问题。虽然它们都做出较为合理的预测，但这些预测并不是相互独立的。

如果我们仔细看这两家的预测随时间如何变化，就能够发现它们非常接近彼此（如图 8.4 所示）。部分原因是 PredictIt 在盗用 FiveThirtyEight 的成果。事实上，在"超级预言家"论坛的讨论中，最常见的信息来源正是内特·希尔弗的网站。

然而，预测市场的关键就在于它把不同的信息整合在一起，并

---

① 布莱尔分数是衡量概率校准的一个参数。

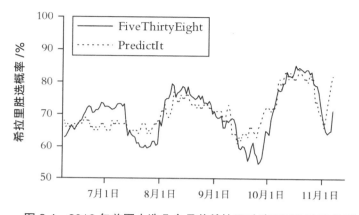

图 8.4　2016 年美国大选几个月前希拉里胜选预测概率变化图

注：其中实线为 FiveThirtyEight 的预测，虚线为 PredictIt 的预测。

根据其质量进行权衡取舍。因此，尽管我们可以说 FiveThirtyEight 的信息是高质量的，但 FiveThirtyEight 不太可能是 PredictIt 唯一的信息来源。当然，我们也没有证据表明，PredictIt 的预测是跟在 FiveThirtyEight 后面变化的。

民意调查竟然不如预测市场准确？

FiveThirtyEight 在其模型中没有堂而皇之地使用博彩市场数据，然而作为曾经的职业赌徒，希尔弗对预测市场和博彩公司了如指掌：它们给出的赔率往往比民意调查本身更能反映事件发生的概率。他可以看到，市场并不十分确定希拉里会获胜。

《纽约时报》和《赫芬顿邮报》的其他一些模型则完全依赖于民

意调查数据，它们预测民主党候选人的胜算分别为 91% 和 99%，但 FiveThirtyEight 团队对民意调查数据进行了调整以反映结果的不确定性，使其更接近市场赔率。

尽管这种调整被证明是合理的，而且它也帮助希尔弗在预测选举时比竞争对手犯下更少错误，但是这种微调引发了一个涉及算法基础的问题。前 FiveThirtyEight 作家莫娜·沙拉比（Mona Chalabi）告诉我，在他们的新闻编辑室里，希尔弗的团队会使用"我们必须格外小心"这样的短语来表达一种共识，即他们的模型不应该对希拉里做出胜算过大的预测。他们意识到，选举之后人们像往常以非黑即白的形式评价预测那样来评判他们：他们要么是赢家，要么是输家。

莫娜现在是《卫报》美国分部的数据编辑，她告诉我："FiveThirtyEight 以及所有选举预测的终极缺陷，都是相信有一种方法可以纠正民意调查中的所有弊端。很抱歉，事实上没有这种方法。"学术研究表明，民意调查通常不如预测市场准确。因此，FiveThirtyEight 必须找到一种提高其预测能力的方法。严谨的统计方法没有办法进行这些改进，只能更多地依赖建模者的个人能力去解读哪些因素在选举中可能是重要的。这就是数据炼金术：以对竞选中发生的事情的直觉为基础，将统计数据与民意调查结合起来。

当我和她交谈时，莫娜强调一点："民意调查是预测的根本基础，而民意调查本身会出错。但是如果你拿掉民意调查，他们还怎么预测选举呢？"

FiveThirtyEight 是一个几乎完全由白人占据的新闻编辑室，主要由美国的男性民主党人组成。他们学习过同样的统计学课程，并有着相同的世界观。这种背景和训练意味着他们对选民的想法了解甚少。他们不与人直接交谈，不了解选举中涉及人类直觉和情感，因为他们认为这种方法不客观。莫娜对我说，她的同事们在这里根据各自数学工具的先进程度来评价彼此。他们认为统计结果的质量和沟通这些结果是否便利存在此消彼长的关系。

如果 FiveThirtyEight 提供的是一个纯粹的统计模型，那么这些统计学家的社会经济背景就不重要了。但他们提供的并不是一个纯粹的统计模型，因为纯粹的统计模型会严重偏向希拉里，而他们的工作是将预测者的技能和潜在的数字相结合。由具有相同背景和想法的人组成的团队通常不太可能胜任困难任务，比如学术研究和成功的商业运作，因为这些人很难穷尽与预测未来有关的所有复杂因素。

我不知道希尔弗和他的团队如何能在长时间里胜过高效运作着的 PredictIt。我自己并没有试着去预测选举结果，但我在足球上下了一些赌注（当然，出于纯粹的科研目的）。赌博界盛传一个关于数学天才的都市传说，这个人可以称之为赌博界的内特·希尔弗，因为他想出了打败庄家的方程式。传闻说，如果你得到了这个人所提供的诀窍，也就是那个神奇的方程式，你就会富有得做梦都想不到。

这个传闻纯粹是一个神话，因为不存在能预测体育赛事结果的方程式。在足球比赛中获利的唯一方法是将博彩公司提供的赔率纳入你的数学模型。这就是我在上一本书《足球数学》中所做的，即创建一个赌博模型。我用赔率中的统计规律来找到赔率设定中一个很小但很显著的偏差，然后通过设定赔率及利用这个偏差赚钱。足球的建模过程涉及数学，如果一个赌徒认为他可以在不考虑赌博界现有群体智慧的情况下打败市场，他最终一定会输。

同样地，"赌场都不进，你怎么赢"的逻辑也适用于希尔弗的研究。他承认，他的体育比赛预测模型并不优于赌马经纪人的赔率。赌马的人会将 FiveThirtyEight 的预测和其他相关信息纳入市场价格中考虑，这样一来他们总是比一个人单打独斗有优势，不管这个人多么聪明。

莫娜在 FiveThirtyEight 的经历教给了她很多东西，但并不是她开始工作时所想象的事情。她踏入这个行业的目的是精进自己在数据新闻方面的技能，但后来她发现 FiveThirtyEight 所具备的精确性只不过是一种错觉。

正是莫娜让我注意到 FiveThirtyEight 预测的数字带有小数点。对我而言 71.8% 就是个数字，但我忘记了它们还代表着精确度。在学校的科学课上，我们学习使用可以反映精确性的有效数字来表示数量。

所有的民意调查都有至少三个百分点的误差，而且通常会更多。这种误差意味着，选举预测概率最多应该只包含一个有效数字，例如70%，而小数点后的任何数字都是误导。

不管他们对高等数学的掌握如何娴熟，FiveThirtyEight 在估算时还是犯了低级错误。如果你或者他们想对此了解更多，我极力推荐BBC 的网站 Bitesize。

莫娜最近成了《卫报》美国分部的数据编辑，她在这份工作中非常充分地考虑到了这一点。在呈现数据时，她只划分了少量的类别，并强调这些数值的不确定性。她专注于数据的排序，而非简单依赖这些数字，并且数据从来不含小数点后面的部分。她最打动我的一张图是并排画着的一个停车位和一间单独监禁犯人的牢房，我记不太清楚它们各自到底有多大，但牢房的面积要比停车位的面积小很多。

在我和莫娜交谈之前，说实话，我把研究 FiveThirtyEight 看作是一场游戏。将模型与市场进行比较再观察到底哪个会赢，在我看来是一件有趣的事情。但我陷入了和内特·希尔弗一样的陷阱。我忘记了美国总统选举的结果对许多人的生活来说至关重要。

莫娜告诉我，真正的危险在于 FiveThirtyEight 可能会影响选民的行为。在选举日访问该网站的数百万人并没有仔细研究内特的模型从而了解它的工作原理。他们都只关注有关希拉里和特朗普的两个数字，并且得出结论，希拉里将会胜出。

我们之所以会在内特·希尔弗这样的数据专家面前束手无策，是因为我们笃信他们会得出比我们更好的答案。但其实他们并没有做到这一点。他们或许能够做得比扔飞镖的黑猩猩好一些，并且能打败像卡尔·迪格勒这样的（所谓）"专家"，但绝对战胜不了我们的集体智慧。如果你有兴趣了解建立模型的门道，我极力推荐 FiveThirtyEight 的网页。如果你只是想了解新闻头条上关于下一场选举的预测数字，就没有必要浪费时间了，去看庄家的赔率就够了。

莫娜强调给不同的结果进行大致分类，这一点启发了我。在此，我有义务用一种简单易懂的方式给所有的模型预测提个醒，模型预测再怎么高深莫测，大抵也不过出现三种表现结果：

1. 胡猜：这些预测不比扔飞镖的黑猩猩强；

2. 差强人意：这些预测不比收入极低的"机械土耳其人"强；

3. 中间水平：这些预测不比庄家的赔率强。

这三种结果覆盖了大多数数学模型的表现，我们用它们来预测各种时间尺度下与人相关的一切事件，从一天、一个星期到一个月，从体育、政治到明星八卦和金融。如果你知道有以上三条规则没有涵盖的例外情况，请告诉我，我肯定把我的赌注都压在你的模型上。

第 9 章

大家喜欢的是适合我们的吗？

与我之前研究过的算法不同，FiveThirtyEight 和 PredictIt 的算法不仅对我们进行分类，还与我们互动。FiveThirtyEight 的模型还会影响我们。不过，正如莫娜·查拉比怀疑的那样，虽然我们很难知道它是否影响了人们的投票选择，但它肯定影响了美国人对即将到来的选举的感受。

从我们打开电脑或手机的那一刻起，我们与算法的互动就开始了。谷歌依据其他人的选择以及不同页面之间的链接数量，来决定向我们展示什么样的搜索结果；脸书借助我们朋友的推荐来决定我们将看到什么样的新闻；Reddit[①] 让我们"顶"或"踩"名流八卦；领英建议我们在专业领域应该认识哪些人；Netflix 和声田深入研究了用户的电影和音乐偏好，为我们提供观影和收听建议。

这些算法都建立在同一个理念上：我们可以基于他人的推荐和决

---

① Reddit 是一个社交新闻站点和在线社区，用户可以浏览并提交网络内容的链接或发布自己的原创帖子。其他用户可对发布的链接进行高低分投票及评论。

定来学习。我们现在所处的世界果真如此吗？算法与我们在线互动，但它真的在为我们提供最好的信息吗？

亚马逊"私人定制"推荐的秘密

亚马逊网站的创始人杰夫·贝佐斯（Jeff Bezos）是第一个认识到我们在浏览网页时只希望看到少量相关选项的人。他的公司使用了"与你浏览过的商品相关的还有"，以及"购买了这一商品的顾客也购买了"的推荐清单，以帮助我们找到心仪的商品。亚马逊从数百万个不同选项中筛选出一小部分供我们选择。

- 你已经读过《魔鬼经济学》（*Freakonomics*）了，那你要不要看一下《卧底经济学家》（*The Undercover Economist*）或者《思考，快与慢》（*Thinking, Fast and Slow*）？

- 你看过乔纳森·弗兰岑（Jonathan Franzen）的最新小说？大多数顾客会接着购买柳原汉雅（Hanya Yanagihara）的《渺小一生》（*A Little Life*）。

- 大家经常一起购买的是凯特·阿特金森（Kate Atkinson）、塞巴斯蒂安·福克斯（Sebastian Faulks）和威廉·博伊德（William Boyd）。

- 在找《足球数学》？你也可以试着看看《数字游戏》（*The Numbers Game*）和《英超：战术熔炉》（*The Mixer*）。

这些建议给人一种你在选择的错觉，但其实这些书会一起出现在你面前完全是拜亚马逊的算法所赐。

这个算法之所以如此有效是因为它了解我们。当我看到那些我最钟爱的作者的书正在被网站推荐时，我觉得这些推荐都正合我意，因为我要么已经拥有了这些书，要么想要得到它们。我刚刚花了两个小时在亚马逊网站上"研究"他们的算法，其间我又选了 7 件商品放入了我的"购物车"中。

这个算法不仅了解我，还了解我的妻子和亲戚。我坐着就完成了我的圣诞节购物。它甚至比我更了解我十几岁的女儿埃莉斯（Elise）：当我查找多迪·克拉克（Dodie Clark）的书《癖好、自白和人生经验》（*Obsessions, Confessions and Life Lessons*）时，它提示我埃莉斯可能也会喜欢约翰·格林（John Green）的《乌龟一路走来》（*Turtles All the Way Down*）。我相信她会的。

当我读小说的时候，我听到别人在用我自己的声音将故事娓娓道来。这是一种非常私人的体验，是我和作者之间的特殊联系。当我深陷一部好小说的时候，我相信其他人与我交流的方式都不会与这位作家一样。

但在亚马逊上逛了几个小时后，这个错觉彻底烟消云散。这个算法的建构基于这样一个事实：和我喜欢同一类书的其他人已经做出了我可能做的选择。为了对其 1 000 多万种产品进行分类，亚马逊在每个客户同时购买的产品之间建立了关联。这些关联是他们给我们建议的基础，虽然简单却非常有效。在亚马逊的客户群中，有很多像我、我的孩子、我的朋友这样的人。原来，加利福尼亚州一小群研究人员开发一个算法，就可以轻松地为我"定制"一个推荐员，免费向我推荐商品、提供信息，如果我下订单购买，第二天这些商品就能送达。

我没有权限了解亚马逊当前算法的构建细节，这些秘密由亚马逊的子公司、专业的产品搜索公司 A9 保守。该算法随着时间的推移而改变，也随着不同的产品而改变，因此不再存在一个单一的亚马逊算法。不过，在亚马逊算法背后以及我们如何与其互动上，我们都能找到基本原理，并且可以通过数学模型来体现。

为了向亚马逊致敬，我将这个模型称为"大家也喜欢"（also liked），现在我会介绍相关的步骤。在我的模型中，作者的数量是固定的。我将使用 25 位大众科学和数学图书的作者的名字，因为选择大众熟知的人会增加乐趣，但名字不会影响模型的结果。一开始，我假设此前没有发生任何选购行为，因此当第一个顾客随机购买两本书时，任何一位作者被选中的机会都是一样的。

接下来，模型里的顾客进行一人一次的购买活动。每个顾客都更有可能选择此前被一起购买的作者的书。最初，这种影响相当微弱。但这里有一个基本原理，一位作者的书被购买的概率与此前购买活动的总数加 1 成正比。这个"加 1"规则确保了每本书都有被买的机会。例如，假设第一个顾客买了布赖恩·考克斯（Brian Cox）和亚历克斯·贝洛斯（Alex Bellos）的书，那么新顾客购买考克斯或贝洛斯的概率都是 2/27，而购买其他作者的概率则是 1/27。

在图 9.1（a）中，我在"大家也喜欢"模型中模拟了前 20 个购

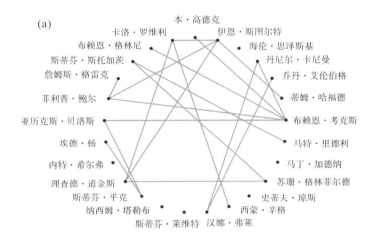

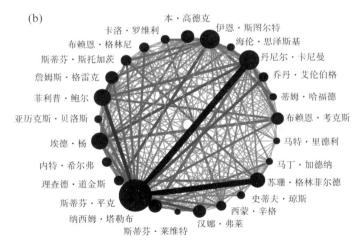

图 9.1　"大家也喜欢"模型图书销售模拟网络图

注：(a) 表示销售 20 本图书后的情况；(b) 表示销售达到 500 本图书时的情况。直线代表两位作者的书同时被顾客购买的次数，线条越粗、越黑就表明同时购买的次数越多。圆圈的大小与每一位作者的总销量成正比。

买行为。两个作者之间的直线表明某个顾客共同购买了他们两人的书。第一个顾客对考克斯的随机选择带动售出了 4 名作者的书：伊恩·斯图尔特（Ian Stewart）的书卖出了 4 本，理查德·道金斯（Richard Dawkins）和菲利普·鲍尔（Philip Ball）的书各卖出了三本。在这个阶段，我们还不清楚哪一个作者最受欢迎。

卖出 500 本书之后，情况就大不一样了。图 9.1（b）显示，斯蒂芬·平克（Steven Pinker）是目前为止最受欢迎的作家，与丹尼尔·卡尼曼（Daniel Kahneman）、苏珊·格林菲尔德（Susan Greenfield）和菲利普·鲍尔关联密切，后三者的作品销量也很好。理查德·道金斯和布赖恩·考克斯已经落后了，其他几位优秀作家也表现平平。

在这次模拟中，有些人跻身畅销书作者，他们获得的关联越来越多，其他作者则变得默默无闻。前五名作者的总销量大概与其他 20 名作者的总销量持平。

对于作者来说，这就是"大家也喜欢"算法的潜在危险。这个模型中的顾客不考虑书的质量，他们根据算法提供给他们的链接购买书籍。这就意味着两位同样优秀的作者出售的图书数量可能会走向两个极端，其中一本会成为畅销书，而另一本则销量惨淡。即使所有书质量一样，有些书会占据大量市场，有些书则白送都没有人要。

南加州大学信息科学中心的研究员克里斯蒂娜·莱尔曼（Kristina Lerman）告诉我，我们的大脑钟情于"大家也喜欢"。她用一个经验法则来模拟我们的上网行为。她告诉我："只要你把握住了人们很懒这个规律，你就能够预测他们的大部分行为。"

克里斯蒂娜的结论是在她研究了各种各样的网站后得出的，包括脸书和推特这样的社交网络，以及像 Stack Exchange 这样的编程网站、雅虎在线购物、谷歌学术之类的学术网站和一些在线新闻网站。当我们看到一份新闻文章的列表时，我们更愿意阅读那些顶部的文章。

在对编程问题回答网站 Stack Exchange 的研究中，克里斯蒂娜发现，只要它越靠近页面顶端、所占空间越大（不一定指单词数量），人们就越容易接受它，但这个答案的质量如何，人们不会非常关注。克里斯蒂娜告诉我："这些网站上展示的选项越多，人们真正去看的选项就越少。"**当我们看到太多的信息时，我们的大脑会认为最好的办法就是忽略它们。**

克里斯蒂娜告诉我，"大家也喜欢"产生了很多"另一个世界"，在这种情况下，网上的受欢迎程度由很多人决定，但这些人对自己所做的选择并没有经过特别认真的思考，并强化了其他人做出的欠考虑的决定的影响。为了更好地理解这些"另一个世界"，我用同样的 25 个作者对我的"大家也喜欢"模型进行了一个新模拟。

由于该算法是概率性的，所以没有两个结果会完全相同。在新结果中（如图 9.2 所示），马丁·加德纳（Martin Gardner）逐渐获得了早期关注并成为国际畅销书作家。每一次模拟都产生了它自己独特的畅销书列表。在每一个模拟的世界里，早期销售的影响力都得到了加强，并且诞生了一位新的大众科学写作大咖。在"大家也喜欢"的影响下，成功逐渐变成了偶然事件。

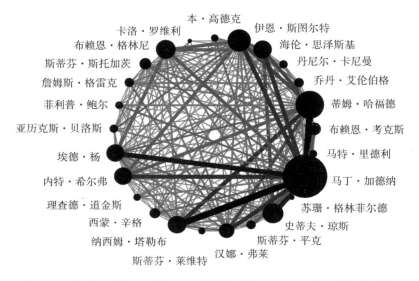

本·高德克
卡洛·罗维利　　　　　伊恩·斯图尔特
布赖恩·格林尼　　　　　　　海伦·思泽斯基
斯蒂芬·斯托加茨　　　　　　　丹尼尔·卡尼曼
詹姆斯·格雷克　　　　　　　　乔丹·艾伦伯格
菲利普·鲍尔　　　　　　　　　蒂姆·哈福德
亚历克斯·贝洛斯　　　　　　　布赖恩·考克斯
埃德·杨　　　　　　　　　　马特·里德利
内特·希尔弗　　　　　　　　马丁·加德纳
理查德·道金斯　　　　　　苏珊·格林菲尔德
西蒙·辛格　　　　　　　史蒂夫·琼斯
纳西姆·塔勒布　　　　　斯蒂芬·平克
斯蒂芬·莱维特　　汉娜·弗莱

图 9.2　"大家也喜欢"模型中图书销售达到 500 本时的新销售网络图

注：直线代表两位作者的书同时被顾客购买的次数，线条越粗、越黑代表越多的同时购买行为。圆圈的大小与每一位作者的总销量成正比。

互联网用户为何喜欢"顶"多过"踩"？

我们无法让真正的图书市场时光倒流，以便弄明白一个作家的成功有多少是因为一次幸运的初始销售，多少是因为作品的高质量。一旦某些作家成名了，我们就没有办法将他们从历史中抹去。

如果本·高德克（Ben Goldacre）和卡洛·罗维利（Carlo Rovelli）的新书刚刚发布，亚马逊就建议重置他们的图书销售，来实验一下在另一个世界里他们图书的销售情况，我想作为已经成名的这两位科普作家一定不会很高兴。

同样的道理，我想不管是碧昂斯（Beyonce）、Lady Gaga 还是阿黛尔（Adele），应该也不愿意 iTunes 和声田仅仅只是为了测试一下另一个世界理论对流行音乐的影响，而重置他们的音乐排行榜。

虽然我们无法重置我们的现实音乐世界，但这不妨碍我们创造一些更小的人工世界。社会学家马修·萨尔加尼克（Matthew Salganik）和数学家邓肯·沃茨（Duncan Watts）就进行了一项这样的实验。他们创建了 16 个独立的在线"音乐世界"，用户可以在那里收听和下载未知乐队的歌曲。

每个世界的歌曲都是一样的,但每个世界都有自己的歌曲排行榜。排行榜显示了特定世界中每个乐队歌曲总的下载次数，但与其他世界中的下载数量无关。马修和邓肯发现，排行榜前列的歌曲比那些在排行榜中部的歌曲要流行 10 倍左右。而且在不同世界中排行榜不一样，一个世界中的榜首歌曲到了另一个世界可能就没那么受欢迎了。

通过观察没有看过任何排行榜信息的听众的反应，马修和邓肯还评估了这些歌曲的质量到底如何。这些独立听众喜欢的歌曲在"音乐世界"的榜单里的表现要比他们不喜欢的歌曲好。但这还是不足以用来预测哪些歌曲能够登上排行榜的榜首。实在难以入耳的歌曲从未登上排行榜，但是真正动听和凑合能听的歌曲都能够成为热门歌曲。似乎每个人在听到烂歌时立马就能够判断这是首烂歌，但是我们很难区分一首真正的好歌和一首凑合能听的歌曲，因此一位成功的歌手并不需要特别出类拔萃。

对个人、企业和媒体来说，被人"喜欢"意义重大。麻省理工斯隆管理学院的锡南·阿拉尔（Sinan Aral）已经着手量化"喜欢"的影响。他和同事们与一个广受欢迎的社交新闻站点合作，研究操控一个帖子的"顶"和"踩"到底会带来什么影响。

一个帖子发布伊始，简简单单地加一个额外的"顶"会引发其他用户也跟着"顶"。在所有人都"顶"过了之后，第一个"顶"的效果在所有的"顶"里面余波仍在——每一个这些"顶"又平均给帖子带来了半个"顶"。这种效果虽然不是很大，但是表明帖子是可以操控的。

锡南的研究揭示了 PredictIt 算法和"大家也喜欢"算法之间的关键区别。在 PredictIt 市场中，因为用户可能会获得经济利润，所以他们总是有动机与主流观点反其道而行。社交新闻站点的用户并不故意与正面判断反向而行；相反，他们更加倾向于"顶"自己。

相比之下，当有人用"踩"操控帖子时，其他用户很快就会"顶"上去加以反击。在这种情况下，我们操控的"踩"的数量对最终排名没有大的影响。**我们控制负面判断，但不加批判地赞同正面判断，这说明我们的大脑也许有些懒惰，但至少倾向于正面而非负面的判断。**

锡南答应过不透露与他合作的社交新闻站点是哪一家，但目前这类网站的领头羊是 Reddit。该研究发表时，Reddit 的总经理埃里克·马丁（Erik Martin）告诉《大众机械杂志》（*Popular Mechanics*），Reddit 已经发现几家出版商试图系统地操纵他们的网站。Reddit 通过算法机器人巡逻它的页面，寻找那些发帖方式异于人类的虚假账户。埃里克说："我们有应对措施，并且也有人员主动出击找出这些账户，我们不会容忍这样的操控。"

制作链接果汁

Reddict 之所以正常运营，是因为他们内部有人密切监控点击量高的帖子，但我们不可能让人来监视和控制整个互联网世界。这就使那些利用"大家也喜欢"互联网的人有了可乘之机。

我找到一个老朋友，他可以告诉我更多有关这种可能的信息。这个朋友希望我用"CCTV 西蒙"（CCTV Simon）来称呼他，这是他的网名而不是他的真名。

在取得信息学硕士学位后，西蒙抵制住了跟随其他毕业生到谷歌和其他科技公司工作的诱惑，成为一名全职爸爸。他总是一边给孩子换尿布，一边考虑如何在家赚钱。就在那时，"黑帽"世界（BlackHatWorld）[①] 闯入了他的眼帘。

打个比方，你如果想买一台新相机，可能就会在付款之前阅读一些在线评论。当你了解了所有需要得到的信息时，你会去亚马逊或另一家在市场上处于领先地位的零售商那里购买。通常你会通过点击一则广告或展示了评论和信息的网站所提供的链接进入亚马逊页面。

这些中间站点，即所谓的网关，可以向亚马逊申请成为其联盟网站。对于每一次通过网关购买的商品，亚马逊都会向这些联盟网站支付一小笔佣金。对于大型、知名的网站来说，这是一个很好的广告收入来源。创建一个真正有用或提供有趣内容的网站劳心费力，但作为一个论坛，"黑帽"世界不存在这样的烦恼，因此想要赚钱又不想劳

---

① "黑帽"世界是一个致力于提供网络营销和搜索引擎优化技巧的论坛。

心费力的联盟网站都活跃在这个论坛。

"黑帽"一词最初用于形容入侵并操控计算机系统、获取个人利益的黑客。联盟网站的黑帽不会入侵谷歌，但他们会绞尽脑汁地利用谷歌的搜索算法赚钱。西蒙意识到，如果他能创建一个联盟网站，并能在谷歌的搜索结果中排名靠前，那么就会有大量的用户通过他的网站进入亚马逊。

正如克里斯蒂娜·莱尔曼所证明的，我们懒惰的大脑感兴趣的就是排在前面的搜索结果。在"黑帽"世界论坛帖子的帮助下，西蒙制定出了策略。他决定专注于闭路电视摄像头市场，因为它还在增长而且价格足够高，光是收取佣金他就可以挣到不少钱。

通过研究"谷歌广告关键字"（Google AdWords）[①]，他想出了一些关键的搜索短语并把它们加入他的网站页面中。他将一个页面标题设为"买闭路电视摄像头会碰上的十大错误"之后发现了市场的一个缺口：没有其他"黑帽"联盟网站用过这个特定的搜索短语。

接下来要做的就是愚弄谷歌的算法，让它相信有人真的对联盟网站感兴趣。西蒙把这种做法称为"制作链接果汁"。在谷歌最初的网页排名（PageRank）算法中，一个网站的排名取决于它的点击量，而它的点击量又取决于这个网站上超链接的数量，以及其他网站上通往这个网站的超链接数量。

谷歌算法建立在和"大家也喜欢"算法一样的原则上——一个网

---

① "谷歌广告关键字"是一种通过使用谷歌关键字广告或者谷歌遍布全球的内容联盟网络来推广网站的付费网络推广方式。

站越受欢迎，当人们搜索一个主题时，它就越有可能被显示给其他人。随着网站排名的提升，它的流量会相应增加，排名也会相应地进一步提升。

通过创建多个链接到他们想推广的网页，"黑帽"联盟实现了对谷歌搜索结果的操控。当谷歌算法"看到"有多个链接指向某个网站时，它就会认为这个被连接的网站在网络中极为重要，从而在它的搜索结果列表中将这个网站前移。

一旦"链接果汁"流动起来，而网站也一路高歌猛进抵达搜索结果的顶端之后，真实用户就开始点击这些链接，从而创造出更多的链接果汁，"黑帽"也就是从这个时候开始赚钱。这些钱不是来自谷歌，而是来自亚马逊和其他联盟网站的佣金，因为真实用户点击"黑帽"的链接进入了亚马逊等网站。

时间一长，谷歌开发出了识别虚假链接的方法，"黑帽"们也就被迫花费更多心思来对付谷歌的算法。目前，最通用的做法是创建"私人博客网络"，例如一个人建立 10 个关于宽屏电视的不同网站，然后操盘手雇枪手在这些网站上写满无关痛痒但与宽屏电视相关的文字内容。接着将这 10 个网站链接到一个联盟网站，使这个联盟网站看起来就是现代电视机行业的权威。这些单兵作战的"黑帽"操盘手建立了一个个完整的在线社区，包括脸书点"赞"和推特分享。他们所做的一切就是为了愚弄谷歌的算法。

一个成功的私人博客网站或与亚马逊联盟的"黑帽"网站无论如何必须有一些真正的文本内容。谷歌采用了一种防剽窃算法来阻止网站对其他网站进行简单的复制抄袭，并且使用自动语言分析来确保网站上的文章遵循基本的语法规则。

西蒙告诉我，他最初购买了闭路电视摄像头，并且写真正的评论。但后来他意识到，"谷歌根本就不在乎你到底有没有买摄像头。它的算法做的就是检索关键词、寻找原创内容、看我是否用了一些图片，再评估一下'链接果汁'"。从他在大学做研究起，西蒙就对这种算法的工作原理了如指掌，但是谷歌对待流量不加甄别的粗糙方式还是让他非常惊讶。

很快地，他的网站获得到了成千上万的浏览量。联盟网站之间千差万别。西蒙将自己的网站与"白帽"联盟网站进行对比，他说，这些"白帽"联盟网站的主人是一些"非常真诚、身体力行的美国居家妈妈，她们会在网站放上自己的照片，并且真的在意她们所展示的产品"。

此外，还有一个灰色地带，被像 HotUKDeals[①] 这样的网站所占据。这个网站鼓励会员们分享他们在大零售商购物的窍门，让人觉得浏览这个网站的群体喜欢到处购买便宜的商品。虽然 HotUKDeals 确实有一个庞大的真实用户群，但我发现这个网站的宣传海报也被发布在"黑帽"世界的某些联盟网站上。

西蒙认为，大多数用户对这家网站的真正目的毫不知情：HotUKDeals 上每一个链接指向的网站都是其联盟网站，所以 HotUKDeals 上的每一条购物窍门都为联盟网站的所有者带来了现金收益。

---

① HotUKDeals 是英国最大的折扣网站。

圈子效应：一本书越畅销，评分却越低？

在网站运营的巅峰时期，西蒙每个月能从一个全是虚构的评论和意义不大的窍门的网站赚到 1 000 英镑。浏览这个网站时，西蒙高超的写作本领给我留下了深刻印象，他写的评论如《疯狂汽车秀》(*Top Gear*)[①]一样令人眼花缭乱，但都说明不了闭路电视摄像头的质量。

这个网站给读者提问，并提醒他们需要注意的事项，比如"想要一个便宜的室内网络监控摄像头吗"或"如果你想实时监控宝宝，你有很多功课要做"。它还会提供一些术语的解释和详细的评论，却避而不谈这个网站上的人是否真的使用过它的摄像头。

尽管他的闭路电视网站每月还能给他带来几百英镑的收入，西蒙已经不再对它进行维护和更新。他确实考虑过投资和建立更多的联盟网站，但他在思考："每晚哄孩子上床睡觉时，我能够告诉他们我这一天的工作内容货真价实且问心无愧吗？"答案是否定的，因此他又成了劳动力大军中的一员，找了一份正当工作。

在谷歌上搜索"家庭闭路电视摄像头"时，我发现前五项搜索结果都带有进入亚马逊页面的嵌入式链接。在这五个网站中，没有一个"评论"可以看出评论者真的已经使用过这些产品。《哪一个？》(*Which?*)[②]杂志在谷歌搜索排名中位列第七，并声称它所拥有的产品测评都是货真价实的，但这些测评文章都要付费才能看。排在第二十

---

① 《疯狂汽车秀》是一档著名的英国汽车秀节目，对各种品牌的车辆进行测试并评分。
② *Which?* 是英国的一家权威性较高的消费杂志。

位的是《独立报》，它的确有一些不错的真实评论，但也插入了一些制造商链接，虽然看起来不那么显眼。

涉及商业利益时，亚马逊和谷歌的共同可靠性或许就会大幅下降。"大家也喜欢"的正面反馈以及谷歌对流量的重视，意味着真正的"白帽"联盟——确实系统地评论过所有宽屏电视或闭路电视摄像头的人——将很快在一众制造虚假流量的"黑帽"联盟中销声匿迹。在 PredictIt 的算法中，投资者的财务动机是做出更好的预测，但与此不同，在线购买和销售产品的财务动机依赖于消费不确定性的增加。

看过网上的种种异常现象后，我不禁开始思考这本书是否会成功解决这个问题。我正在写的这本书面市时会表现如何？如果我不创建一个机器人大军点击亚马逊的链接，也不找一大群人在网站 Goodreads① 上推荐这本书，它还有可能成为畅销书吗？

我给社会学家马克·科斯奇尼（Marc Keuschnigg）展示了我的"大家也喜欢"模拟结果。为了找到一本书畅销的秘诀，他对图书销售做过详尽的研究。他和我一样认为一本书能否成功的关键在于亚马逊的"大家也喜欢"推荐了它多少次，但并不是所有书和作者都同样被命运女神垂青。

"新人作者和成名作者区别很大。新人作者更受'圈子效应'（the peer effect）的影响，"他告诉我，"当读者不知道该买哪本书时，他们喜欢看自己圈子里的人买了什么。"

就在亚马逊开始主导图书市场之前，马克研究了 2001 年至 2006

---

① Goodreads 是美国著名的读书类社区网站，类似于中国的豆瓣。

年期间德国小说在实体书店的销售情况。他发现，如果一个新人作者登上畅销书排行榜，那么在接下来的一周内，该书的销售会再增长73%。进入排行榜前 20 名带来的知名度将进一步提高书的销量。

登上排行榜只是成功的一部分，另外一个帮助新作者取得成功的原因是媒体对其作品打出了差评。对，你没看错，不是好评，是差评。在报纸或杂志上的负面书评通常会使新人小说家的作品销量增长23%。相反正面书评则起不到任何效果。马克告诉我："畅销书排行榜中的书大多数极有可能平平无奇甚至不忍卒读。"

为了支撑这一相当惊人的观点，马克向我展示了他对销售量和在线书评所做的关联所做的分析。他的研究发现，随着每本书销量的增加，这本书在亚马逊上的评分会越来越低。这很可能是读者们失望之余的报复。一本书挤进排行榜，或者出现在"大家也喜欢"名单里，都能够说服他们买下这本书。当读完后发现它索然无味时，读者就会在亚马逊上打出低分以发泄不满。

他们似乎永远不长记性：人们总是无视书评，盲从大流。只有当大家发现他们都判断错误，并且开始对这本书给出负面的反馈时，评论才终于能够真正地反映一本书的质量。

在我看来，"大家也喜欢"还扭曲了书的质量，给畅销书的成功带来隐忧。我很满意我的上一本书《足球数学》的表现。它销售火爆，但我在亚马逊上还是得到了一个一星的评论，由此我再度想起了马克的研究。一位读者在一个赌博论坛上看到有人说，《足球数学》可以当作实战手册来帮你从庄家那里赢钱，于是他买了这本书。

虽然这从来不是我的本意，但遗憾的是，这本书让他失望了。他（假设他是男性）在亚马逊上评论道："这个网站上百分之九十九的评论都是扯淡，我读过这本书，它烂得一塌糊涂，不要在它上面浪费你的钱。读这本书不会帮你在赌场赢钱，只会让这个家伙的腰包变得越来越鼓。"

在众多"另一个世界"中，我们只生活在其中一个上，这个事实让我们在现实世界里的成功显得非常空洞。

第 10 章

流量背后的推手

2017 年夏天，我儿子为我放了一首名叫《每天都是兄弟》的说唱歌曲，它是一首很烂的歌。在加利福尼亚州嘻哈音乐的伴奏下，它开头的歌词就让我不适："这是每天都听迪士尼频道的兄弟。"接着它吹嘘歌手杰克·保罗（Jake Paul）在 YouTube 上的粉丝数量，然后由乐队"第 10 队"唱出"我的名字是尼克·克朗普顿，是的，我可以说唱，但我并不来自康普顿"等歌词。

我明白这首歌的目的是讽刺，儿子也与我确认了这点。但杰克·保罗的例子说明，人气在极大程度上已经扭曲了"大家也喜欢"。杰克通过视频网站 Vine 一举成名。

在迪士尼频道扮演了一个角色之后，他推出了自己的 YouTube 频道。我们通过这个频道可以看他驾驶着"兰博基尼"经过以前就读的学校，可以参观他的比弗利山庄豪宅，还可以看他在意大利酒店的房间里大喊大叫。他会在他所有的电影、歌曲和社交媒体上的评论中，鼓励关注者点"赞"并分享他所做的一切。

爆火的视频竟有 200 万个"踩"

杰克·保罗之所以人气爆棚，秘诀就是他知道如何同时利用 YouTube 的"踩"和"顶"。《每天都是兄弟》视频的一个独特卖点是，它收到了 200 万个"踩"，比上传到 YouTube 的其他任何视频还多。就像杰克·保罗所说的那样，这是"前所未有的"。孩子们都在观看这个视频和之前的 10 秒广告，就为了来"踩"他一下。保罗能收获高人气，就是因为他非常平庸无奇，却自我陶醉，还恬不知耻地追求名气。

在 2017 年下半年，许多 YouTube 用户开始聘请音乐制作人和说唱艺人帮助他们制作音频和视频来"贬低"（diss）其他 YouTube 用户。在此之前，大多数 YouTube 用户的主要在线活动只是拍摄玩电脑游戏或恶搞朋友的视频。"大米口香糖"（RiceGum）[①] 是引领这场运动的"明星"。他擅长取笑别人上传的视频，说唱是他通常采取的形式。他希望对方"怼"回来，从而给他自己的频道带来更多流量。这些"怼"和"回怼"的焦点很多时候就聚集在这样的事情上：谁在网上被点击了更多的"赞"以及谁的钱更多。

在"大米口香糖"攻击了杰克·保罗的豪宅之旅视频后，杰克进行了长篇大论的回击。他咆哮着说"大米口香糖"的兰博基尼是租来的，并且赤裸裸地炫耀自己"每天挣得不多，也就 6 万美元"。让人惊讶的是，这些 YouTube 网红越是攀比谁的"大家也喜欢"更多，就会有越多的人关注他们、订阅他们的频道、观看永无止境的广告，

①"大米口香糖"是一位美籍越裔网红。

以及购买他们的"代言"商品。

杰克·保罗和"大米口香糖"没有三头六臂，也没有什么独特之处。他们就是几个幸运的年轻人，阴差阳错地把自己推到了每一个YouTube 必看名单上。随着他们得到更多的"顶"和"踩"、更多的广告收入和 iTunes 销售，他们就会获得更多的关注，甚至变得更加成功。这些人是算法的产物，他们博人眼球的噱头和惊世骇俗的言行从这种算法中获得了回报。

随着我们积累了成功的经历和人脉关系，各种排名、奖项、地位也随之而来，这些一直是我们生活的一部分。社会学家们很早之前就认识到"富者愈富"的效应。和西蒙一样，杰克·保罗和"大米口香糖"也懂得流量以及"大家也喜欢"的重要性，YouTube 的"接下来播放"（Up next）设置更是放大了这种效应。他们的粉丝每次所做的播放、收听或购买的决定，都伴随着一小段关于其他人做出的选择的信息。

在一系列的点击和推送后，男孩女孩们共同创造出了一个网红的世界，这些网红的成功部分归功于作品的质量，但更多却要归功于大多数粉丝不想错过流行话题的心理。对杰克·保罗来说，从默默无闻到举世皆知、家喻户晓只花了六个月的时间。这种事情可以发生在很多才华并不出众的人身上，但不太可能发生在我们学术研究者的身上。

在学术界，你的文章出现在谷歌学术搜索论文列表顶端就相当于YouTube 上网红被排到了订阅用户的前列。和 YouTube 一样，谷歌学术搜索只提供了一个简单的功能：一份与输入的搜索词相关的文章链接列表。文章的排列顺序由其他文章引用（或参考）它的次数决定。

引用对学术界来说至关重要，因为那是我们学术界的对话方式。文章中的引用和最后的引用列表显示了文章如何有助于增强大家对问题的理解。评判一篇论文在某一领域的重要性，一个重要方法就是参考这篇论文的被引用次数。一篇文章的被引用次数越多，就越能代表科学家对相关问题的见解。

根据被引用次数对论文进行排序，这合情合理。但是谷歌学术搜索的方法带来了一个意想不到的负面作用。当该网站于 2004 年首次上线时，《自然》（*Nature*）杂志采访了神经科学家托马斯·米西克-夫洛戈尔（Thomas Mrsic-Flogel）。他说："通过'追踪'一篇论文引用的其他论文，我能够发现一些此前未曾注意到的论文。"他没有去图书馆，也没有查阅科学期刊的网页，而是使用论文之间的引用链接来寻找新的想法。就像我的儿子在 YouTube 上不停播放"上一个""下一个"视频一样，托马斯不停地在科学家之间来回穿梭。

我并非在判断孰对孰错，因为那时候我的所作所为和托马斯完全一样。我今天还在这样做。我点击搜索结果列表的顶部，在不同的论文中来回穿梭，试图了解我研究领域的最新进展，知道谁公布了最好的研究发现。我所有的同事也都如此。在谷歌学术搜索推出后不久，我们都上瘾了。

谷歌工程师安劳格·阿卡里亚（Anurag Acharya）是谷歌学术搜索的联合创始人之一，目前还在负责谷歌学术搜索的运营。他说，他的初衷是"让全球研究人员的效率提高10%"。这是一个野心勃勃的目标，但他已经超额完成了。为了写作这样一本书，我每天使用20至50次谷歌学术搜索，这节省了我大量的时间和精力。没有谷歌学术搜索，我不可能写完这本书、做完我的研究。

安劳格当时不知道，他为学术界创造了一个"大家也喜欢"的算法。一篇文章的被引用次数越多，它在检索文章列表中的排名就越靠前，也就越有可能被更多科学家看到。这就意味着人气高的文章经常被阅读和引用，从而带来更多反馈，也意味着某些文章在被引用列表中上升，其他的文章则下降。就像书籍、音乐和YouTube视频一样，科学论文被引用的次数、排名的升降与它本身质量的关系也许并不突出，更多地与最初微不足道的人气差异有关。

在很多东西（比如说成千上万的科学论文）都可以被"大家也喜欢"标记的情况下，人气就可以通过一个数学上的关系来体现，这个关系叫"幂律"（power law）。

为了更好地理解幂律，让我们想象一条引用次数超过某一数值的论文占比的曲线，我们通常最习惯用线性坐标系来呈现曲线上点的变化，也就是说坐标轴上距离相等的点之间，数值差异是相同的，比如1、2、3、4或者10%、20%、30%。当我们用双对数坐标系来呈现论文引用的数据时，幂律就体现出来了。在双对数坐标系中，坐标系上等距离的点，其值以各自底数的幂增加或减少。

比如说，10的正整数次方是10、100、1 000、10 000……相应地，它的负整数次方是0.1,0.01,0.001,依此类推。在我们双对数坐标系上，

X 轴代表的是一篇论文被引用的次数（我们假定是 P 次），Y 轴代表的是被引用了 P 次或更多次的文章数在文章总数中所占比例。

2008 年科学论文的双对数坐标系如图 10.1 所示，文章被引用的次数（10 次以上）和它们在文章总数中的占比呈线性关系。这条直线就称为"幂律"[①]。

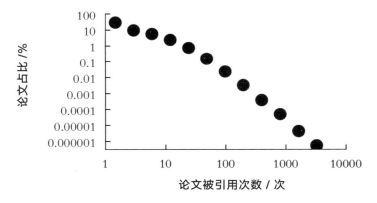

图 10.1　2008 年科技论文被引用次数与引用次数
超过该次的论文占总论文数之比的关系

资料来源：杨厚恩和桑托·福图纳托提供数据。

幂律揭示了现实世界巨大的不平等现象。在 2008 年，73% 的科学论文被引用次数仅为一次甚至没有被引用。对于那些花费了几个月时间，不分昼夜地完成科学论文的人来说，这个事实无疑是晴天霹雳。而在另外一个极端，每 10 万篇论文中有 1 篇的被引用次数超

[①] 如果被引用次数等于或大于 n 的论文在总论文数中的占比为 P，那么 P 和 n 满足如下关系：$P=kn-a$，k 为一常数。——作者注

过 2 000 次。可见人气高的文章寥寥无几，同时很多文章沦落到无人问津的地步。

同样的情况适用于 YouTube ：大约 20 个频道能够做到拥有超过千万的订阅数，比如杰克·保罗、屁弟派（PewDiePie）[①]、神准达人（DudePerfect）[②] 等，而其他成千上万的频道只有屈指可数的订阅数。

将论文被引用次数的双对数坐标系与模型进行比较后，理论物理学家杨厚恩（Young-Ho Eom）和桑托·福图纳托（Santo Fortunato）研究了"大家也喜欢"（论文被多次引用）的相对重要性如何随着时间的推移发生变化。体现幂律的上述坐标系中出现直线，极大程度上要归因于"大家也喜欢"的广泛影响，而早些年论文引用次数的悬殊更小是因为那时的科学家们更倾向于独立地决定引用哪篇文章。

在这几十年里，一场科学人气竞赛蔚然成风，被"大家都喜欢"的论文一举成名，不被"大家都喜欢"的论文则不为人知。这种悬殊正愈演愈烈。到 2015 年，在高声誉的期刊中，1% 的论文的引用次数占据了这些期刊论文被引用次数的 17%。

科学家也难逃"大家也喜欢"效应

由于"大家也喜欢"可能让人气竞赛蔓延到科学界，你也许会猜想科学家会谨慎解读论文引用次数的意义。然而，这也正是这一现象

---

① 屁弟派是一名上传打游戏视频的网红。
② 神准达人上传展示花式投篮、打扑克和玩运动器械的视频的网红。

最讽刺的地方。2005 年当谷歌学术搜索刚刚推出的时候，我觉得它比较有趣。一次喝咖啡时，我的朋友兼同事斯蒂芬·普拉特（Stephen Pratt）问我："你听说过 h 指数吗？""没，我没听说过。"我回答道。他接着给我解释，"假如你的 h 指数是 h，就代表你发表过的文章中有 h 篇的被引用次数至少不低于 h 次。"

哦？很长时间我都没有反应过来这是什么意思，于是斯蒂芬给我看了谷歌学术搜索中收录了的我的论文。当时我只发表了 9 篇文章，其中一篇被引用了 7 次，另外一篇被引用了 4 次，还有两篇分别被引用了 3 次。我有 3 篇论文被引用了 3 次以上，所以我的 h 指数是 3。斯蒂芬比我好，他的 h 指数是 6。弄明白这是怎么回事后，我们把自己认识的人的 h 指数都查了个遍。斯蒂芬的导师、著名的数学生态学家西蒙·莱文（Simon Levin）的 h 指数超过了 100，他有一百多篇文章各自被引用了上百次。

没过多久，学术界的每个人都在谈论被引用次数和 h 指数，而且不仅仅是在喝咖啡的时间才讨论这些话题。很快，政客和科研资助机构觉得用被引用次数来评估科学家是个好主意。最后，他们想出了评估学术界研究成果的方法。长久以来，学术界一直是一个封闭的世界，我们希望纳税人相信我们能够想出好点子、研究出新东西。但现在，政客和管理部门认为他们可以用我们论文的被引用次数来衡量我们到底产生了多少好主意。

大约与斯蒂芬和我计算彼此的 h 指数的同一时间，我了解到英国政府时任首席科学顾问罗伯特·梅勋爵（Lord Robert May）发表了题为"国家的科学财富"的文章。当他接受顾问一职的时候，勋爵想知道英国在科研能力方面与其他国家相比到底如何。他首先计算了英国科学家文章被引用的次数，以及在研究上所花费的资金。然后，他将第一个数字除以第二个数字，得出结论，英国每花费一百万英镑就能产生 168 次被引用次数。

就每英镑产出来说，英国的科学研究是世界上最好的研究。美国和加拿大以 148 次和 121 次的产出紧跟其后，而日本、德国和法国每百万英镑产出的文章，被引用次数不到 50 次。就每一百万英镑产出而言，英国的科研不仅领先于世界，而且还是遥遥领先。

没有几个人记得这个特殊的结论。但是，在随后几年里，英国政府和其他国家从罗伯特·梅勋爵的文章中得到了一个关键信息，就是我们现在得到了可靠的方法来评估科学上的成就，于是各国开始对各大学院系的状况进行广泛的算法监控。作为科研评估运动的一部分，学校要求学者们提交他们最近发表的论文列表。

然而，由于这些论文都刚发表不久，还没有机会获得更多的被引用次数，所以无法仅凭它们的被引用次数来评估学者们的学术水平。作为变通，一篇论文的质量只好通过发表该论文的科研期刊的"影响力"来判断，而这种影响力又通过该期刊上所有论文的被引用总次数来评估。

对影响力的追求又强化了科技期刊间的"大家也喜欢"效应。这些带有高影响因子的期刊吸引的投稿数比影响力低的期刊多，而且投稿的质量更好，被引用量更高。年轻的科学家们发现自己必须拼命竞争才有可能把自己的论文挤进这些为数不多的著名期刊，于是他们不再专注于高水平研究，而是费尽心思地提高自己的 h 指数，让自己的论文登上影响力大的期刊。

科学家们自身也难逃"大家也喜欢"效应的影响。一项研究表明，一些作者如果写了很多被广泛引用的论文，那么他们的新文章被引用的速度就更快。这关乎的不仅仅是一篇论文的被引用次数，更是作者的声誉。关注你自己或同事的被引用记录不再是一件有趣的事（我和斯蒂芬一开始正是出于兴趣而为之的），它已经成了在学术界求生的必要条件。

科学家是一群相当聪明的人。如果影响力大的研究会产生回报，他们就会一板一眼地这样做。为了制定出最优论文发表策略，来自英国埃克塞特大学的安德鲁·希金森（Andrew Higginson）和布里斯托大学的马库斯·穆纳弗（Marcus Munafo）将科学界的生存之道与野生动物的物竞天择进行了数学上的类比。

安德鲁和马库斯的模型表明，要想在科学界立足，科学家们要么花时间探索新想法，要么花时间去证实前人的研究结果。安德鲁和马库斯指出，目前的科研环境对于获取了高影响力的研究者更有利，它鼓励科学家将大部分时间用于探索新想法，于是那些对新的可能性进行大量研究的科学家得以生存下来，而那些仔细验证他人研究成果的科学家则遭到"灭绝"。

乍一看，这似乎是一件好事，因为它促使科学家们认真钻研新成果，而不是检查、验证那些枯燥乏味、陈旧的研究结果。但问题是，即使是最优秀的科学家也会有无心之失，这些错误包括许多统计上的误报结果（假阳性）。你设想一下，科学家进行了大量各种各样的实验去探索新的想法，那么偶尔总会有一些实验产生了看似振奋人心的新成果，但事实上，这只不过是研究人员的运气罢了，因为没有人去验证这些成果的真伪。

然而这里的运气只是对得出这些成果的研究人员而言，因为现在他们可以在国际上享有盛誉的期刊上发表研究成果了，而且还有可能获得新的资助。对于科学本身和科学界整体来说，这些看似幸运却实际可能出错的发现远非一件好事。因为就如安德鲁和马库斯的模型所证实的那样，其他研究人员没有多少动力去验证这些成果。

在过去，一些科学家喜欢确认或者反驳其他人的研究成果，但现在因为这种论文没什么人引用，他们发现自己面临失业的窘境，也就不再检验他人的研究结果了。长此以往，越来越多错误的研究结论可能会被奉为科学真理。

就像所有的模型一样，安德鲁和马库斯的研究戳中了科学界的痛处，充满讽刺但发人深省。

尽管存在这些问题，但我不认为关注和追求文章的被引用次数损害了科学家实际研究的质量。换句话说，只要时间充裕，作为科学家的我们仍然可以把研究做好。我遇到的大多数科学家都是出于对真理的永恒追求和对正确答案的渴望而献身科学的。我们喜欢通过验证同行们的结果来证明他们犯了错。对于大多数科学家来说，反驳同行的理论和自己发现新成果，给我们带来的满足感是同等的。因此，我们还是有动力去检验那些可能被过度吹捧的理论和可能错误的实验结果。

对科学研究进行算法评估大大减少了我们可以用于专心科研的时间。论文必须"浓妆艳抹"（业内流行说法）才能登上顶级期刊，我们需要全力卖弄自己最好的研究结果，并且辅以一套漂亮的说辞来解释为什么其他领域的研究人员会对这些结果感兴趣。

此外，我们还需要把我们的研究成果像"挤牙膏"（另外一个业内流行说法）一样，一次一点地挤成切入点更小、正好凑够发表字数的文章，如此一来，我们可以就一个研究成果发表无数论文。所有的这些浓妆艳抹和挤牙膏都消耗了我们的时间和精力。我们被迫凑出更多字数并一遍遍地投稿。我们会从高影响力的顶级期刊开始投稿，但这些期刊将拒绝绝大部分稿件。无奈之下，我们退而求其次将稿件投给低影响力的期刊。

这就是当下学术的反讽之处。安劳格的谷歌学术搜索算法为我们提高了 10% 的研究效率，但是科研机构和金融机构拿这 10% 的效率做了些什么呢？他们拿它来监视和控制我们。他们逼迫我们改变工作方式，结果谷歌学术搜索为我们提高的这 10% 的效率被消耗得所剩无几了。此外，他们还营造了一种"富者愈富"的环境，科研由那些位于搜索结果顶端的百分之一的科学家掌控着。这种环境适合不少科学家，但是同样也将很多优秀的研究人员拒之门外，使他们的才智得不到用武之地。

并非所有的科学家都甘心委身于这场人气竞赛，一些人选择了反击，而且运用的是他们最擅长的武器：科学。桑托·福图纳托的研究表明，从长远来看，h 指数与科研产出的关联程度并不高，用它来衡量年轻科学家时更是如此。在 2005 至 2015 年间获得诺贝尔奖的 25 位科学家中，有 14 个人在 35 岁时的 h 指数低于 10。业界普遍认为，h 指数需要达到 12 才能获得终身职位，这就意味着这些诺贝尔奖得主在 35 岁之前都无法找到工作。

在职业生涯早期，阿尔伯特－拉斯洛·巴拉巴西（Albert－Laszlo Barabasi）写了一篇关于"大家也喜欢"和"双对数坐标系"的论文。这篇文章使他一夜成名，变为了一个和 YouTube 网红差不多有名的科学家。他指出，一个科学家最重要的文章可能完成于他职业生涯的任何时期：可能是他们生平写的第一篇论文，也可能是他们刚拿到博士学位后或者是在努力寻找终生职位时写的一篇论文，可能是他们成名时发表的论文，也可能是他们生平发表的最后一篇论文。科研突破会发生在任何时候。

这一洞见无法帮助科研赞助机构确定资助哪些人的研究，但它说明了仅根据论文被引用次数来决定拨款给谁，并不是解决问题的办法。**只为成功的研究人员提供资金可能会与更重要的科学发现失之交臂，因为忽视那些已经工作了数年却没有取得突破的研究人员，我们或许会使最重要的科学发现胎死腹中、功亏一篑。**

类似"大家也喜欢"这样的算法使我们的集体行为呈现出新的形式，也为我们相互之间的交流提供了新的方式。这些新形式和新方式可以产生许多积极影响，让我们能够更迅速、更广泛地分享我们的研究发现。但是我们不应该让算法来决定我们看待这个世界的方式。在学术界，这种情况在某种程度上已经发生了。因为容易量化，论文被引用次数和论文的影响因子已经成为科学研究中的通用货币。

不平等是当今社会面临的最大挑战之一，而我们在网络上的行为正在为这种不平等推波助澜。我们根据脸书上的好友数量、推特上的粉丝量以及领英上的人脉数量来评判彼此。这些评判并非完全错误：正如上一章里的邓肯·沃茨和马修·萨尔加尼克对音乐排行榜的研究表明，真正糟糕的歌曲确实会跌入榜底。但这些评判也并非完全正确。我对杰克·保罗天赋平平的判断，同样也适用于一些成名的科学家。他们以"赞"和"分享"的形式积累社会资本，进而再积累金融资本，无论这种金融资本的形式是研究基金还是兰博基尼，随之而来的反馈效应会进一步加速这种积累。

"大家也喜欢"算法浅显易懂，如果你第一次没有完全看懂，请返回第9章，再读一遍我对这个算法的描述。你需要明白它如何扭曲了数据的输入和输出，因为它肯定正在影响你生活的某些方面。无论你正在建立领英人脉以吸引雇主，还是作为雇主本人正在比较一个社交广泛且性格傲慢的潜在雇员和一个脸书好友寥寥无几的应聘者，你都不应该让算法来替你做出决定。人的完整性是我们所拥有的最重要品质之一，我们不能简单地听命于算法。

我们还有其他方式过我们的在线生活。

"大家也喜欢"算法并非唯一的信息分享方式。我问克里斯蒂娜·莱尔曼最好的信息"分享"服务是哪一款产品，她认为是推特的初代版本。在 2016 年之前，推特只是简单地按时间顺序排列显示你好友分享的内容。如果你朋友发布推文时你不在线上，你就很可能看不到它了。虽然你可能还可以通过其他用户的转推看到它，但时间是决定我们看到什么内容的主要因素。

渐渐地，推特也倾向使用"大家也喜欢"算法了。它有一个"万一你错过了"的功能，把那些点赞次数多和转推次数多的内容在你的时间轴上置顶。因为现在你的推特设置中的默认选项是"先给我看最好的推文"。如今你应该把这个选项关掉，让自己尽可能接触到各种各样的观点。

左滑右滑，约会软件中的速配秘诀

最少过滤信息的一款应用是 Tinder。我没有用过 Tinder，虽然我可以为了研究算法如何运作而不惜把我的网络生活交给别人分析，但下载在线约会软件这件事情是我不能触碰的底线。尽管我妻子很善解人意，她还是不会原谅我在 Tinder 上注册账户的，即使我的解释是出于科研目的。

我的很多年轻同事都热衷于向我解释 Tinder，因为他们自己花很多时间使用这款软件。作为用户，你可以浏览一系列的个人照片，这些照片的主人可能是你感兴趣的人或者在你附近的人。你喜欢他的照片就右滑，不喜欢就左滑。如果你右滑了某人，并且他也右滑了你，那么你们就配成了一对，接着就可以通过这款应用聊天，还有可能开始一段浪漫的关系（或者其他你正在寻找的关系）。

这款应用的重点是照片，而注册用户个人资料里的介绍很简单，仅包括你的姓名、年龄、兴趣爱好和一段简短的自我描述，寥寥几句就可以。Tinder 上线后，无疑在众多鼓吹自己使用了神奇算法帮你找到美好缘分的在线约会网站中，让你得到截然不同的感受。年轻人已经厌倦在其他线上约会网站没完没了地填写问卷调查，也不想暴露自己的脸书让人分析，他们喜欢 Tinder 的简单和真诚。Tinder 不做信息过滤，它让你自己选择喜欢谁。

男性和女性在左滑右滑这件事情上表现迥异。在伦敦有人用虚假账号做了一个实验，每个虚假用户只放一张个人照片。结果女性被男性右滑的次数是男性被女性右滑次数的 1 000 倍之多。

如果你是那些从来没有被右滑过的孤独男人中的一员，你可以做几件事情来扭转乾坤。首先完善你的个人介绍，或者多放两张个人照片，以便让你被右滑的概率增加四倍。女人远比男人"挑剔"，她们想要了解更多信息。如果你想要配对成功，你就必须投其所好。

这些基本的建议并不能解决男士们使用 Tinder 时面临的全部难题。加雷思·泰森（Gareth Tyson）是前面提到的伦敦实验的负责人，他还针对人们的配对（男女双方同时右滑）次数做了一次调查。大多数男人右滑了 10 次还得不到一次配对，当然也有 5% 的男人很幸运，他们每右滑两次就可以收获一次配对。虽然两者采用的算法截然不同，但 Tinder 上的不平等和谷歌学术搜索上的不平等大同小异：一小部分"貌比潘安、玉树临风"的男人俘获了大部分女人的芳心，其他男人只能日夜不停地右滑，才可能幸运地完成一次配对。

你属于哪种情况呢？

和我一起研究 FiveThirtyEight 的同事亚历克斯，在 Tinder 上有许多亲身经历。他是一个血气方刚、不远万里从澳大利亚来到瑞典的单身男孩。所以刚开始时，Tinder 对他而言似乎是一个认识新朋友的良好途径。但他很快就发现 Tinder 并没有给他带来约会，和他同样处境的男人还有很多。他开始思考自己是不是什么地方做错了。为了找到答案，他创建了一个数学模型来分析男人和女人在 Tinder 上的行为。我想，当没人跟你约会时，你才会有大把时间研究数学。

亚历克斯发现配对和右滑之间存在负反馈[①]效应，越得不到配对，人们就越多地右滑。当男士们刚开始使用 Tinder 时，他们会"挑肥拣瘦"，不入眼的不右滑，但当他们一旦发现没有女人右滑他们时，他们开始降低要求、全面撒网，只要还过得去就右滑。女人则恰恰相反，她们一直能够得到数不胜数的配对，所以她们会慎重考虑、相中了才出手。

亚历克斯的模型发现，这种负反馈最后对所有人都不利。最终，女人们都只相中少数几位男士，而男人们几乎右滑所有女士。亚历克斯称 Tinder "一场游戏一场梦"，因为不管男女，想在这里找到意中人的美梦都破灭了。相反，亚历克斯的算法得出了和加雷思·泰森的研究相同的结论：平均而言，男人右滑一半他们看到的女人，而绝大

---

① 反馈可分为负反馈和正反馈。负反馈使输出起到与输入相反的作用；正反馈则使输出起到与输入相似的作用。

部分女人只右滑不到百分之十她们所看到的男人。

亚历克斯找到了自己的解决办法——反众人之道而行之。他决定更加严格和耐心地挑选约会对象，瞄准那些他认为确实有机会与其配对成功的女人，并花费精力补充投她们所好的个人介绍。接着他开始耐心等待。当一些女人开始选择他作为约会对象后，他的配对成功率得到显著提高。虽然目前为止他还没有在 Tinder 上找到自己的真爱，但在斯德哥尔摩大大小小的咖啡馆中，他确实收获了不少愉快的约会，甚至还和其中的一个约会对象成立了一个乐队。

"大家也喜欢"的约会系统并不完全行得通。不管是在网上还是现实生活中，我们都很少听到朋友之间做这样的推荐，说："那个人，我接触过，很棒。你要不要也接触接触？"这听起来多少有些奇怪。但是学术论文的左滑右滑系统仍然值得一试。

想象一下，每天早上我到办公室后做的第一件事，就是坐下来滑动同行们的论文。没有算法在我耳边提示，圈内人又引用了哪些文章，这是多么清静惬意。如果我们都右滑了彼此，这个应用就会帮我们建立联系（一对一的联系，任何其他人都不知道我们成了朋友），如此我们就可以畅所欲言地聊一聊科学。

安劳格·阿卡里亚，如果你正好看到这里，那么你或许可以着手开发这个手机应用了。如此一来，我终于可以在不破坏自己婚姻的情况下，在手机屏幕上左滑右滑了。

第 11 章

过滤气泡如何阻碍人们
认识真实世界？

对于我们这些生活在学术理想国的人来说，英国脱欧公投和特朗普当选美国总统绝对是"黑天鹅"事件。我的绝大多数持自由主义思想的同事们都不理解这个世界到底发生了什么。他们不认识任何一个要投票给特朗普的人，也未遇到过任何想要英国离开欧盟的人。他们常读的自由主义报纸也同样被吓了一跳，这从报纸文章的标题就可以看出，比如"来认识一下这十个给脱欧投赞成票的英国人"，"为什么白人工薪阶层投了特朗普的票"。

我们大多数人认为事情应该朝着大家普遍认可的方向发展，但选民们却临阵倒戈，我们迫切需要有人解释其中原因和来龙去脉。

"键盘侠"在刻意制造分化

我试着从前一年发表的大量政治类文章中一探究竟。一种盛行的解释认为，算法是误导人们做出错误决定的罪魁祸首。众多媒体都报道了不少算法如何导致不同群体间产生隔阂以及观念严重分化的故事，它们听起来似乎头头是道。这些媒体包括《纽约时报》《华盛顿邮报》《卫报》和《经济学人》。

首先，媒体把枪口对准了回声室效应[①]和过滤气泡。媒体认为，脸书和谷歌会根据我们的上网历史记录来显示相应的链接，以至于我们只看到自己想要看到的东西。随后媒体将焦点转向了假新闻：为了给他们的网站创造流量，以及获取广告收入，来自马其顿的少年们自动生成新闻，肆意组合有关特朗普和希拉里的无稽之谈。

媒体还认为，俄罗斯利用脸书广告和付费的"键盘侠"影响了美国总统选举结果，这些"键盘侠"在推特和各种政治类博客上进行唇枪舌剑的激烈争论，刻意制造两极分化。

大家对数学和算法的潜在风险非常关切，这和我研究"大家也喜欢"算法及脸书的人格分析算法时的心情不谋而合。**我们仿佛在让算法代替我们思考和做出决定。但真正的风险在于，我们看到的一些新闻是被带有政治偏见的"黑帽"故意扭曲或编造的。**但那些媒体在报道此类故事时对数学的评价让我不安，此外令我担忧的还有，他们含沙射影地谴责民众轻信媒体上的谣言。

难道美国人民真的就这么愚蠢，不能过滤那些由马其顿少年和俄罗斯水军编造的新闻吗？人们在脸书上看到的内容会对他们产生强烈影响吗？我很多同事似乎都这么认为，但我不太同意这种看法。

① 回声室效应或称"同温层效应"，指在媒体上一个相对封闭的环境中，一些意见相近的声音以夸张或其他扭曲的形式不断重复，使处于该环境中的大多数人认为这些被歪曲的故事就是全部事实。

早在学者和记者们担心会出现有关特朗普与希拉里的过滤气泡之前，两位年轻的计算机科学家就已经在研究政治运动如何塑造互联网以及被互联网塑造的课题。在 2004 年的总统大选前，拉达·阿达米克（Lada Adamic）和娜塔莉·格兰斯（Natalie Glance）对"博客圈"（blogosphere）进行了调查。

与今天的社交媒体相比，这些博客显得稀奇古怪。它们的格式很简单：几段解释博主观点的文字、几张取自报纸的图片，以及一些文章中引用的新闻网站和其他博客的链接，但是没有任何链接到社交媒体的"赞"和"分享"的按钮。那时候，脸书还未大行其道，推特甚至还没有被开发出来。政治类博客通过网页之间的链接联系起来，并使用博客链接列表（blogrolls）将博主认可的网站和文字罗列出来。

图 11.1 显示了在 2004 年美国总统大选拉开序幕之前，前 20 名自由主义者的博客（支持民主党，黑色圆圈）和前 20 名保守主义者的博客（支持共和党，灰色圆圈）之间的链接情况。圆圈的大小代表每个博客的受欢迎程度，直线的粗细代表博客之间的链接数量。

我们可以看出，2004 年的博客圈泾渭分明地形成了两个世界，民主党人士的博客几乎只链接民主党派的博客，共和党人士的博客几乎也只链接共和党派博客。连接这两个世界的链接屈指可数。共和党人士的博客中唯一出现为数不多的民主党派博客链接的是《每日要闻》（*The Daily Dish*），它由安德鲁·苏利文运营（图 11.1 中用 AS 表示），而他在 2004 年的选举中改变了自己的政治立场，支持了民主党候选人约翰·克里（John Kerry）。

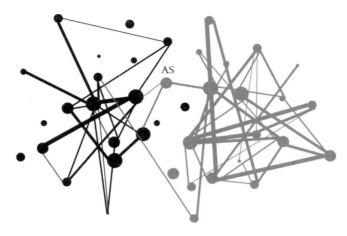

图 11.1　2004 年美国总统大选前夕前 40 位的政治类博客关系图

注：黑色圆圈代表自由主义者的博客，灰色圆圈代表保守主义者的博客。圆圈面积的大小与某个博客被其他前 40 位博客链接的数量成正比。线条粗细与两个博客间的链接数量成正比，本图只显示链接超过 5 次的博客。标注 AS 的博客为安德鲁·苏利文经营的《每日要闻》。（根据阿达米克和格兰斯 2005 年的论文《政治类博客圈与 2004 年美国总统大选》绘制）

　　民主党派的博客网络和共和党派的博客网络属于两个不同的世界。如果你仔细观察图 11.1，就会发现保守主义者的博客间的链接比自由主义者的博客间的链接更多。比起自由主义博主，保守主义博主们更倾向于评论彼此的博客文章，也就是说共和党支持者之间的内部讨论更加积极。

　　不过，更重要的是，无论自由主义者还是保守主义者在网上都没有对外界不闻不问。不管是来自哪个党派阵营，每两篇博文中都会有一篇提及主流媒体的新闻。例如，在选举前的两个半月里，《华盛顿邮报》被自由主义者的博客引用了 900 次，被保守主义者的博客引用了 500 次。自由主义者的博客和保守主义者的博客虽然不怎么往来，但它们对主流媒体均持开放态度。

拉达和娜塔莉的研究预示了计算机科学家在未来分析新闻和政治的方式。他们在研究中剖析政治网络，在辩论中自动识别关键字，找出政治评论员的社交方式。这种方法正在改变我们理解媒体的方式。他们在文章中写道，"我们将追踪新闻和观念在社区中的传播情况，并确定网络中的链接模式是否会影响传播的速度和范围"。

从学术的角度来说，当时出现的很多可能性都是令人兴奋的。拉达和娜塔莉的研究表明，研究人员可以通过数学来理解我们交流政治话题的方式。但是如果科学家可以研究出理解政治话题交流的方法，政党和大公司就可以利用这些方法来操纵我们之间的对话。而自 2004 年以来，这些方法发展得非常迅速。

到 2016 年美国大选和英国脱欧公投时，布莱特巴特（Breitbart）[①]和《赫芬顿邮报》已经聚集了这些早期右翼和左翼的政治类博客。当年的许多博主都在为这些网站或其他网站写文章，比如《德拉吉报道》（*Drudge Report*）。

像安德鲁·苏利文这样的一些人开始写文章披露经年不断的社交媒体活动如何让他们心力交瘁，但也有许多新的声音将他们取而代之：独立的政治类博客不断涌现，成千上万的人使用在线出版平台《媒体》（*Medium*）来记录他们的所思所想。

这些文字来自世界的不同角落，每天能够达到几百万字。它们在

---

① 布莱特巴特是美国的一个极右翼的新闻、观点和评论网站。

Reddit 上被大家"顶"或"踩"，在 BuzzFeed（新闻聚合网站）和《商业内幕》（*Business Insider*）等热门网站上广泛传播，在 Feedly 阅读器和 Fark 博客网站上聚集，在红板报（Flipboard）① 上变成自发形成的报纸，并在脸书上得到分享。人们通过推特的 280 个字符对它们进行评论、探讨、嘲讽或者支持。

当评论员们分析这么多社交媒体时，他们通常会回到两个关键的主题：回声室效应和过滤气泡。这两个概念有所关联，但又略有不同。2004 年的政治类博客是回声室效应的一个原始例子。**意见一致的博主们被联系在一起，相互支持彼此的观点、强化彼此已有的想法。如果你在博客之间随意浏览，并从你浏览的任一网页中随机选择一个链接，你也许会发现第二个博客与第一个博客持相同的观点。**

如果你在 2004 年浏览一个自由主义者的博客页面，那么 20 次点击之后你仍然留在一个自由主义观点的页面上的概率超过 99%。如果你从一个保守主义者的博客页面开始浏览，20 次点击后你可能仍然在阅读保守主义观点的文章。每一个类型的博客都创造了他们自己的世界，在这个世界里，他们的观点得到了类似观点的呼应。

过滤气泡则出现得更晚些，并且仍在演变中。"过滤"和"回声"世界之间的区别在于它们是由算法还是由人创造的。博主们自主选择链接到不同的博客，而算法根据我们的"赞"、网页搜索和浏览历史，选择给我们推送什么样的内容。与博客不同，算法的选择中没有人本

---

① 红板报是一款免费的应用程序，将脸书和新浪微博等社交媒体上的内容整合起来以杂志的形式呈现给用户阅读。

身的主动参与。**正是这些算法有可能创造出过滤气泡。你在浏览器中所做的每一个动作都被用来决定接下来要给你看的是什么。**

每当你分享一篇《卫报》之类报纸的文章时，脸书都会更新它的数据库，以反映你对《卫报》感兴趣这一事实。类似地，当你分享《每日电讯报》的文章时，数据库会储存你喜欢《每日电讯报》的信息。在2016年4月与出版商的一次谈话中，在脸书负责开发动态消息（News feed）算法的亚当·莫塞里（Adam Mosseri）向我解释说，

　　"当你刚注册脸书的时候，你的动态消息是白纸一张。随着时间的推移，慢慢地你肯定会在脸书上与你所关心的人加好友，并关注你感兴趣的公众主页。就这样，你逐渐展示出了自己的个性化经历。"

一次次的点击正在筑成你的信息茧房

脸书的算法根据我们已经做出的行为来决定给我们看什么样的内容。要理解它作为过滤器的工作原理，你需要首先设想自己是一个相对开明和独立的人，刚刚注册了脸书。让我们假定你既看《每日电讯报》又看《卫报》，而且同时分享这两家报纸的文章。让我们再假设你有大致相同数量的、分别喜欢这两家报纸的朋友。当然，我知道这在现实中不太可能，但为了弄清楚算法的潜在影响，我们必须假设你是这个世界上思想最开放的人。

现在你可以开始发帖了。想象一下，你发了几篇帖子，既有《卫报》的文章，也有《每日电讯报》的文章。你的朋友一开始并不怎么注意你的动态，但接着其中一个人评论了你从《每日电讯报》上转发的关于欧盟腐败问题的文章，然后你回复了他的评论，你们就这样在这篇文章上交流，接着又互"赞"对方的帖子。到了这时候，你已经开始向脸书提供它想要的东西了：什么样的内容会让你在它的网站上逗留。

作为回报，脸书可以给你更多它认为你想要的东西。于是第二天，你的一个朋友的一篇抱怨欧盟新法规的帖子就出现在你的动态消息的顶部了。另一位朋友则分享了一条有关英国脱欧后的商业优势的文章，它也来自《每日电讯报》。这两篇文章都吸引了你的注意，你又发了评论，于是脸书注意到了你进一步的兴趣，会在第二天为你提供更多批评欧盟的内容。终于，一个过滤器慢慢地在你周围形成了。

过滤算法描述起来寥寥几句，可能不够透彻，但我们可以通过数学来理解它的原理。脸书根据以下等式来决定一个最近分享的报纸文章在你动态消息上出现的可能性：

你见到该文章的可能性 = 你对该报纸的兴趣 × 你和分享该文章的朋友的亲密度

当你和朋友交流你分享的帖子时，你同时提高了这个等式中的两个量：你对《每日电讯报》的兴趣增加了，这导致脸书增加了你和这位朋友间的亲密度。因此，我们可以认为见到某篇文章的可能性是随参与度的平方变化的。在上面的那个等式中，你对一份报纸的兴趣体现的就是你与这份报纸间的参与度；你与分享该文章的朋友的亲密度体现的就是你们之间的参与度。

如此一来，《每日电讯报》以后的文章在你页面的曝光度就会增加，而增加的曝光度使你将来更有可能点击这些链接，从而进一步提高脸书算法对《每日电讯报》做出的排序，给它带来更多的曝光。

下一步是设计一个数学模型，使其既能体现出算法的行为，又能体现出用户与算法的交互情况。我现在把它称为"过滤器"模型。就像我的"大家也喜欢"的亚马逊模型一样，"过滤器"模型简化了脸书算法的实际操作。脸书过滤我们的消息流、推特过滤我们的时间轴、谷歌过滤我们的搜索结果，而这些行为的最核心特点都被我的"过滤器"模型抓住了：我们越点击某事或某人，这些网站就越经常将相关内容推送给我们，而我们也越有可能继续点击他们。

"过滤器"模型需要大量的互动才能工作。在每次互动中，用户会看到来自两个信息源的帖子。沿袭我之前的例子，我们把这两个信息源叫作《卫报》和《每日电讯报》。假设这两份报纸推送给你的可能性是由上面提到的等式决定的，并且用户是根据一份报纸的可见性来点击它的，我们就可以模拟出这两家报纸在你屏幕上的相对可见度随时间变化的曲线。

图 11.2 显示了算法将《卫报》和《每日电讯报》的文章推送给 5 个不同模拟用户的曝光率的变化情况，这两份报纸对所有用户的初始

曝光率均为 50%。在与脸书进行了 200 次互动之后，《卫报》出现在两名模拟用户脸书页面上的可能性很高；同样，在另外两名模拟用户的脸书页面上，《每日电讯报》也有很高的曝光率，而在最后一位模拟用户的脸书上，《每日电讯报》的曝光率略高一些。模拟更多的用户之后都会产生类似的结果，经过 200 轮过滤后，大多数用户被推送的帖子将会来自这两份报纸中的一份。

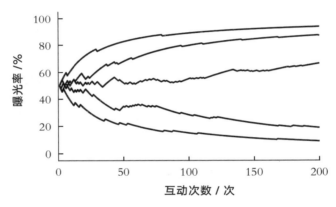

图 11.2　五个不同的"无偏见"用户在"过滤器"模型中的模拟情况

注：在每一轮的模拟中，用户需要选择是与《卫报》的帖子还是《每日电讯报》的帖子互动。如果他们选择了《卫报》，那么《卫报》的文章在用户屏幕上出现的可能性就会增加，下一轮实验中他们再次选择《卫报》的可能性也会增加。这一反馈效应将最终使一份报纸相对另一份报纸出现在用户页面上的可能性增加。

需要注意的是，最初这些模拟用户对哪份报纸都没有偏好。每一次的点击选择改变了报纸被推送给用户的可能性，并由此形成了用户的偏好。用户已做出的选择和被推送帖子间的这种反馈，决定了他们最终被更多地展示哪份报纸。

正如亚当·莫塞利所说，刚开始玩脸书时，你是白纸一张。但一旦你在这张白纸上写下第一条消息，互动程度与相关内容被继续推送的可能性之间就开始产生反馈效应了。由于被推送的可能性与交互程度的平方成正比，这张白纸很快将被你第一次碰巧表现出兴趣的报纸所填满。"过滤器"算法由此创造了一个气泡，即便是一开始没有偏见的人也无法幸免。

而对本来就有政治倾向、首次使用脸书的那些人来说，这种影响更为突出。"过滤器"算法会捕捉到微小的初始偏好，并将它们放大，直到与其对立的一方完全销声匿迹。用户被禁锢在自我验证的观点和与一小群朋友的互动中。

当然，脸书用来决定向你推送动态消息的算法要比我的"过滤器"模型更复杂一些。脸书称，它的算法利用 10 万多个个性化因素来决定向你推送什么内容（这意味着它已经对你的"赞"做了主成分分析）。因此，虽然我的模型显示脸书可能会制造过滤气泡，但不能证明所有的用户都会被困在气泡中。我需要弄明白简化版的气泡模型能在多大程度上反映现实情况。

阴谋论为何比科学更受欢迎？

数学家米凯拉·德尔·维卡里奥（Michela Del Vicario）是意大利卢卡市计算社会科学实验室一个研究小组的成员，她正在检验脸书算法是否如脸书所说的那么神奇。研究人员选定了来自意大利的34个分享科学进展的脸书主页和另外39个分享阴谋论的主页。他们研究了脸书用户如何分享、点赞和评论这些页面上的帖子。

诸多证据表明，这两个群体的行为存在严重的反差。在科学帖子上点"赞"并将其转发出去的人很少在阴谋论帖子上点"赞"并将其分享给别人，反之亦然。同时还有证据表明，每个群体内部都有一个"回声室"。大多数阴谋论主要被散布在那些已经给阴谋论的帖子点"赞"和分享它们的人之间，但对整个意大利的影响很小。

当我和米凯拉交谈时，她给我描述了一个恶性循环："一个人分享的阴谋论文章越多，他们就越有可能分享更多这样的内容，并且更有可能与其他对阴谋论感兴趣的人交流。"这也正是我在"过滤器"模型中描述的现象：阴谋论的转发和这类帖子的曝光度及分享频率的提高之间存在相互反馈的关系。

令人沮丧的是，同样的事情也发生在科学迷身上。一小群意大利科学"怪才"在彼此之间分享着最近的科学新闻，而普通公众却很少或根本不关注这些新闻。

米凯拉和她的同事也分别分析了阴谋论帖子和科学类帖子的用词。她告诉我："只有小部分非常活跃的用户在发帖时会使用很正面的词汇。一般情况是用户的活跃度越高，他们使用的负面词汇就越多。"

尽管科学家和阴谋论者都是发帖越多越倾向于使用较为负面的词汇，但这种规律在科学家中间更明显。科学家们使用的正面词汇比阴谋论者少，同时他们在脸书上的活跃程度越高，其使用的负面词汇也越多。成为"回声室"的忠实一员并不能引领你踏上幸福之路。

阴谋论者不仅没有科学家那样爱吐槽，他们分享的帖子也比科学家们分享的科学新闻帖更受欢迎。这尤其令人担忧，因为许多阴谋论都是有关科学的。一个经久不衰的谣言是，疫苗和孤独症之间存在关联。尽管大量严格的科学研究表明两者之间没有联系，但这些谣言仍然在传播、扩散。另一个持续流传的著名阴谋论是所谓的"化学尾迹阴谋论"：政府正在用飞机向云中散播有毒化学物质和传染病。

看着介绍"化学尾迹阴谋论"的视频，我真的很惊讶——很大程度上并不是因为这些视频的内容，而是因为我自己对它们的反应。一个安静的晚上，我下班后独自坐在家里，看着屏幕上的视频，我能感觉到自己慢慢地开始相信我正在看的东西。

这段视频在 YouTube 上被观看了 580 842 次。它展示了加利福尼亚州的一次会议，并且把飞行员、医生、工程师和科学家的证词剪辑在了一块。事件场景是地方政府的一场听证会，会议房间里挤满了人，让人感觉正在进行一场重要的调查。头发灰白的男性们走近摄像头，纵论"纳米颗粒无孔不入的特性""空气污染度的提高"和"昆虫种类的急剧下降"。

他们谈及老年痴呆症、孤独症、多动症、生态系统的崩溃和河流的污染。他们所说的一些关于水质和环境问题的内容确实有一点科学道理，我觉得自己开始不由自主地认同他们。这条视频从一个发言者迅速地切换到下一个发言者，镜头还不时地转换到挥舞着双手以示支持的观众。我想问一些问题，但是视频内容切换太快，快得我都来不及听清每个人陈述的内容，我也无法明确指出哪里不对劲。

这就是一部精心制作的科学阴谋论视频的效果。事实和谎言在这个视频中交织在一起，我试图从这堆杂乱的观点中理出头绪却感觉无从下手。我从一个视频跳到下一个视频，最后花了三个小时浏览了这些每个都被观看了数十万次甚至上百万次的视频。我看到一部由"地理工程观察"（Geoengineering Watch）组织（一个反化学尾迹组织）的成员所做的视频，他在里面严肃地介绍了化学尾迹背后"快速发展的科学"。

我还看到普林斯（Prince）[1]的一段视频，他讲述了化疗和暴力之间的关联是如何激发他的歌曲创作灵感的。在另外一个视频中，一位身为母亲的当事人在平静地解释着重金属和人类健康之间的关系。最后一个视频是一些退休政府官员和一名妇女的自白。看完最后一个视频，我关上笔记本电脑，坐在黑暗里，几分钟之后我的头脑清醒了，我的科学大脑开始运转。

我不认为我有被卷入阴谋论气泡的危险，但观看这些视频可以让我更好地了解那些会有危险的人。我接着浏览了哈佛大学地理工程学教授大卫·凯斯（David Keith）的网页，上面罗列了严肃的证据，详细地解释了为什么化学凝结尾阴谋论完全是无稽之谈。我还看了一段由加州大学地球系统科学教授史蒂夫·J.戴维斯（Steve J. Davis）录制的视频摘要。他针对一个类似化学尾迹阴谋出现的可能性，对77名科学家进行了调研。除了一个人之外，所有这些专家都说，这个阴

---

[1] 普林斯·罗杰斯·纳尔逊是美国歌手、音乐家。

谋论提供的所谓的证据其实可以用其他易于理解的原因来解释。

　　但是史蒂夫的视频只被观看了 1 720 次，我知道为什么。没错，他的视频实事求是，但缺乏故事性。在视频中，他闲散地坐在办公室里，用一种中立的语调谈论同行意见的重要性。如果没有像"地理工程观察"这类组织的安排，他不认为自己需要宣传这一观点。我能理解他为什么以这样的方式呈现他的研究工作，但通过把他的视频和我之前看过的视频进行比较，我也能明白为什么科学气泡比阴谋论的气泡要小——阴谋论的吸引力远胜科学。

　　在阴谋论的"回声室"里，观点不被挑战，同一群人继续分享同样的内容。温切斯特大学讲师、博客《阴谋论心理学》（*The Psychology of Conspiracy Theories*）的作者迈克·伍德（Mike Wood）告诉我，在已经形成的社群中，阴谋论视频往往会隐藏甚至删除含有反对意见的评论。许多 YouTube 上的阴谋论频道都关闭了评论功能，有些则宣称，那些与他们观点相左的评论者，本身就是阴谋的一部分。按照阴谋论者的说法，你反对阴谋论就说明这个阴谋确有其事。

　　迈克喜欢在互联网上讨论阴谋论。他的博客上有一个很大的评论区专供大家发表评论。不管这些评论里的问题多么愚蠢或无知，迈克都会认真地回答。尽管迈克总是耐心解答，但这个评论区有时会沦为阴谋论者和反阴谋论启蒙者之间相互辱骂的平台。有关预示性阴谋论①的评论区早已经被两名对话者相互攻击的内容填满，比如"睁着

---

① 预示性阴谋论指大众传媒中就隐藏有事件的线索，比如阴谋论者宣称"9·11"事件前很久的电影电视里就隐藏有将会在 2001 年 9 月 11 日发生恐怖袭击的线索。

眼说瞎话""你居然相信这种扯淡""你世界观颠倒错乱，怕是得了妄想症"等。从此以后，迈克不再发布任何评论。

据米凯拉·德尔·维卡里奥称，激烈的辩论只会助长阴谋论者的气焰。她发现，阴谋论者看到的评论越负面，他们就越有可能继续对这些内容进行分享、评价和反驳。来自外部的激烈反对声只会让他们的气泡更加坚固。

米凯拉和迈克的研究得出了一个共同的结论，为赢得阴谋论反击战提供了一线希望。一旦阴谋论开始往外传播，它们就会遇到更广泛的阻力，这种阻力既来自对科学感兴趣的人也来自普罗大众。在那些观看次数最多的化学凝结尾视频下方的评论中出现了一些简要的科学解释（"这是飞机在放油的视频"）、说明为什么这种阴谋论难以令人信服的理性驳斥（"如果政府真的在毒害你，明明他们可以用你看不见的化学物质来下毒，为什么非要用不透明的汽油"），也包括了狂热支持者惯用的辱骂语言（"我希望你们这群人不能投票，蠢货！你们就是一帮白痴"）。

这些评论确保那些在阴谋论气泡之外的公众，可以一眼看出某个脸书帖子或 YouTube 视频其实充满争议。迈克告诉我："如果只有一个人持不同意见，这个人的评论经常要么会被忽视，要么最终在和另外一个人进行了来回 50 次的争论拉锯战后被弃之不顾。"

但是如果视频获得了外界的一些关注，那么这些展现不同意见的评论就会开始被局外人点"赞"。我自己对阴谋论视频的有限调查印证了他们的研究结果。现在我已经连续四个晚上强迫自己对这些视频进行观察，甚至开始"顶"异见者，"踩"支持者。不过，我接受了米凯拉的建议，拒绝让自己留下嘲讽性的评论。

　　大多数阴谋论都被局限在自己的气泡里，相互支持并强化彼此的观点。如果这个气泡过于膨胀，非阴谋论者就可以戳破它。回声室效应越大，给反对声音提供的空间也越大。

网络的孤岛化现象

　　有权限获取足够多脸书数据以深度剖析大规模政治辩论的人，只可能是为脸书工作的科学家。拉达·阿达米克在政治博客圈发表了自己的论文后成为计算社会科学（Computational Social Science）领域的领军人物。她曾在密歇根大学担任计算机科学教授，发表过一些极有影响力的计算社会科学论文。2013 年她从学校请假到脸书工作一段时间，最终成为脸书的一名数据科学家。

　　脸书的工作让拉达得以测试与主流政治相关的过滤气泡假说。拉达与另外两名脸书科学家一起研究了脸书上拥有相同政治观点的好友之间的关联。脸书上的好友网络并不像 2004 年时的政治博客那样，在政治倾向上呈现泾渭分明的特点：现在，自由主义者的好友中有20% 是保守主义者，18% 是温和主义者，62% 是自由主义者。因此，尽管自由主义者和保守主义者都倾向于和志趣相投的人交友，但他们都接触了不少和他们观点相异的人。

　　接着，脸书的研究人员分析了自由主义者和保守主义者的好友所分享的新闻内容。保守主义者的好友分享了大约 34% 的自由主义新闻，而脸书上大家分享的自由主义新闻的整体占比为 40%。如果我们将这两者进行对比，可以看出保守主义者的好友们对自由主义新闻的偏见很小。在脸书上，好友之间缔造的是带有些许杂音的共识，而非一个充满回响的回声室。自由主义者的好友们更倾向分享反映自由主义观点的新闻，他们分享的保守主义内容仅占 23%，而脸书上这类内容被用户分享的比例平均为 45%。不过，这一回声虽然清晰可辨，但远远还未淹没一切。

我们大多数人都知道脸书好友的复杂性和他们分享内容的多样化。那里有很多我们读书时期的同学，但那时我们和其中的许多人并不是真正的朋友。此外，我们有通过工作认识的好友，也有在度假、学习和生活过的地方认识的好友。我去过的地方可能比一般脸书用户多一些，而且我现在就生活在国外，但我在许多方面仍是一个相当典型的英国人。脸书用户平均拥有 200 位好友，我有 191 位。他们拥有不同的背景，虽然他们通常更倾向于左派自由主义，但他们的政治观点相当多元。

我们知道，脸书并没有平等地对待我们的好友。推送文章的可见度 / 亲密度公式（见第 10 章）意味着那些与我互动次数最多的朋友会被显示在我的时间轴上。我和一些老同学交流不多，脸书的算法知道这一点，于是不在我的时间轴上显示他们。拉达和脸书的其他研究人员想要弄清楚这种过滤如何影响我们看到的政治观点。如果这种"过滤"模型适用于政治新闻分享，那么我们可以预计，脸书动态消息里包含的对立观点将比好友分享的文章所包含的对立观点更少。

他们的研究结果非常明确：过滤的效果可以忽略不计。自由主义者和保守主义者经由过滤器过滤后看到的对立观点，只比脸书在他们动态消息流上随机推送帖子时看到的少一点。在我们的动态消息流上，我们更愿意看到来自亲密好友的文章，但他们阐述的政治观点并不比我们整个朋友圈所表达得更极端。我们在脸书上看到的大部分内容都不符合我们自己的观点。此外，美国的保守主义者是一个经常被指责为思想封闭的群体，不过与自由主义者相比，他们接触到的对立观点还是会稍多一点。

这个过滤气泡实验的论文被发表在了顶级科学杂志《科学》（Science）上。它是脸书在2010—2015年认真对待科学的一个例子。脸书聘请了顶尖研究人员来找出其产品所带来的影响，而这些研究者在此基础上想得更深、更远。

在2010年国会选举前夕，6 000万美国脸书用户在他们的动态消息顶端收到了一条旨在帮助他们找到投票站的信息，它还提供了一个表明用户已完成投票的按钮。另外，这条消息显示了用户的那些已经点击"我已投票"按钮的朋友们的照片。

加州大学教授詹姆斯·福勒（James Fowler）决定评估这条信息的影响。于是他与脸书达成合作，接着与同事创建了一个规模较小（大约包括60万人）的用户群，并给他们看同一条信息，但不显示已投票朋友的头像。詹姆斯·福勒等人假设，信息的社会性将对用户产生影响。通过显示那些已投票朋友的头像，并为我们提供了一个告诉这些朋友我们与他们做了同一件事的机会，脸书的那条置顶信息在鼓励我们出门投票。

这个假设是对的。看到非社交性信息的用户比看到朋友已投票的用户稍稍更不愿意投票。尽管投票与不投票的概率差异仅为 0.34%，但即便是投票行为的微小变化，也会对投票的人数产生巨大影响。通过匹配脸书用户和选民登记册，詹姆斯和他的同事们估计，他们创造了至少 6 万因为直接看到这条信息而投票的新选民。此外，由于这条信息在社会上广泛传播，詹姆斯和他的同事们还创造了另外 28 万因此前去投票的新选民。一个小小的助推举动大大地改变了参与民主选举的人数。

这项政治研究表明，脸书的信息可能会对我们的日常生活产生影响。脸书的数据科学家亚当·克雷默（Adam Kramer）和两位康奈尔大学的研究人员在此基础上进一步开展了一项共同研究，以观察信息对情感的总体影响。他们的课题是，带有积极情绪的帖子被移除后，用户的后续发帖行为会受到何种影响。

为此，克雷默等人进行了一次全面的实验，从大约 11.5 万名用户的动态消息中删除了 10% 至 90% 的带有积极情绪的帖子，如此一来用户将看到比平常更多的带有负面情绪的帖子。研究人员在这些用户的动态消息中暂时删除一些记录快乐时光的帖子，如与家人玩乐或逗弄宠物的帖子。

然后，研究人员将这些用户的发帖行为与一个正常接收动态消息的对照组进行比较。亚当·克雷默及其合作者的论文一经发表，科学家群体就表达了他们的担忧，广大媒体也对这个实验所涉及的伦理问题提出了强烈抗议。

他们之所以反对这个实验，是因为脸书在未经用户同意的情况下操纵用户的消息流并"欺骗"了他们。根据某些监管准则，人们可以认为这种手段不道德。但是，媒体和网络上的讨论并没那么在乎这个实验究竟破坏了哪项伦理道德，他们更关心的是脸书操纵了我们。

我觉得这种抗议有点让人摸不着头脑。脸书当然在操纵用户可以访问的信息！这是它商业模式得以建立的基础。动态消息操纵是脸书的产品主管亚当·莫塞利骄傲地在商界领袖面前推介的算法。为了让你更频繁地使用脸书，脸书不断地在调整它向你展示的内容。它对这一点完全没有避讳，甚至允许优化你的脸书个人体验。

亚当·克雷默的实验得出了一个引人注目的结论，那就是操纵动态消息对用户的情绪几乎没有影响。他的研究发现，动态消息中带有积极情绪的新闻被移除之后，用户使用的正面词汇略低于 5.15%，而接受正常推送的对照组使用的正面词汇也不过接近 5.25%，两者之间的差异仅为 0.1%。为了让你对这 0.1% 的差异给脸书帖子带来的影响有一个直观印象，我们假设你是一个相对比较活跃的用户，你每天在脸书上发布 100 个单词。0.1% 的减少意味着在未来 10 天里，你总共只会少使用一个正面词语。也许，下周三你会把你看过的一部电影描述为"凑合"而不是"还不错"。

当涉及负面词汇时，我们得出的差异甚至更小，其结果是 0.04%，相当于每个月多使用一个负面词汇。很难想象还有人会注意到你在描述某个工作会议时多加的"无聊"，或者留心到你支持的足球队输掉了一场预选赛后你在帖子上多写的"失望"一词。

当媒体热火朝天地讨论脸书拿我们做实验的危险时，他们忽略了一个事实：这些实验的操纵效果小到可以忽略不计。出现这种现象，亚当·克雷默和他的同事们在一定程度上难辞其咎。他们给其研究论文命名为《社交网络可以带来大规模情绪感染的实验证据》。

什么？这个标题暗示情绪像埃博拉（Ebola）病毒一样在我们的社交网络中传播，但实际上它并不是一个特别准确的描述。他们的实验结果可以被更好地表述为"对脸书用户动态消息的大规模操纵只是略微地增加了积极情绪的表达，但这种增加存在统计显著性"。

有关脸书以及它如何影响我们生活的炒作铺天盖地、无孔不入。但在仔细分析了研究人员所做的大型调查并与他们交谈之后，我发现媒体报道总是扭曲或夸大这些研究结果，对此我感到震惊。

在我的理解中，科学不是用来炒作的。没错，脸书可能会在选举日吹起一个小气泡，让更多的人去投票。没错，它可以通过只向我们呈现令人沮丧的帖子来微微缩小我们的情感气泡。没错，脸书没有提供能够完全代表世界上各种观点的新闻。但这些都不足以改变你我的生活。与现实生活中人们日常互动的影响相比，脸书作用于我们生活中的力量微乎其微。

看得出来，将网络的孤岛化现象类比为气泡是合理的，因为米凯拉和她在意大利的同事们发现了某些群体可以达到的封闭程度。但被应用于人数更多、拥有的兴趣爱好更加广泛的群体中时，气泡理论的弱点开始出现，并使我感到困惑。社交媒体上充斥着由算法产生的各种气泡，并且一些非常疯狂的阴谋论者正游荡其中。

但对大多数人来说，我们似乎总有摆脱气泡的办法。是什么使我们不被困在气泡中？如果在理论上，脸书的"过滤"算法能够将我们禁锢在某种特定的观点中，那么现实里的我们是怎样摆脱这种禁锢的？为什么我们长时间使用社交媒体，情绪却能在很大程度上不受影响？

对我来说，回答这些问题的唯一办法就是钻进自己的网络气泡，看看是否能找到自己的出路。这不是我特别愿意做的事情。我有一个自己非常喜欢的气泡，也不太想戳破它。但我不能再找借口，我必须弄清楚自己的气泡是由什么构成的。

第 12 章

互联网充斥着回声室

　　我对社交媒体的使用与足球密切相关。我有一个推特账户 @Soccermatics，我用它与别的足球数学爱好者交流比赛，以及可以被用来分析比赛的数学和统计学方法。

　　推特世界中的这个小角落既是一个过滤气泡也是一间回声室。我知道推特在过滤我的消息流，所以那些顶级的极客（the geek）① 会出现在我主页的顶部。其他专业的足球数据统计用户如 @deepxg、@MC_of_A、@BassTunedToRed 等，谈论的都是我感兴趣的内容，因此推特始终让我优先看到他们。

　　我对其他志趣相投的极客的关注，为我创造了一个气泡，在这里我们都认为足球和数学需要携手合作。有时候，没那么书生气的推特用户（通常是切尔西队的粉丝）并不认同我最近提出的传球网络可视化分析。他们通常会闯进我的回声室，告诉我应该怎么做。

---

① 极客指智力超群和非常努力的人，也被用来形容对计算机和网络技术有狂热兴趣并投入大量时间钻研的人。

不过，因为这些话并没有太多的科学信息，我通常会忽略它们，或者礼貌地给这个切尔西球迷一个链接，让他去看一篇文章，里面解释了足球分析学的基本概念。

社交媒体重塑了讨论政治的方式吗？

必须坦率承认，我生活在一个足球分析学的气泡中。但我注意到这个气泡的一个有趣之处。我们中有人像我一样是利物浦队的球迷，有人支持埃弗顿队，有人支持曼联和其他城市的球队，还有人支持切尔西队。此外也有皇家马德里队的球迷、巴塞罗那队的球迷、意大利队的球迷和德国队的球迷，还有一些足球分析人士在推特上发表关于非洲足球、亚洲足球和美国足球的文章。

我们这些足球数学极客们并不在各自球队或者联赛的气泡中画地为牢，而是阅读和分享各式各样与足球相关的信息。我对曼联队和对利物浦队同样熟悉。我也已经了解了美国职业足球大联盟（以及最近才找到的加拿大职业足球大联盟）的情况，甚至更熟悉美国女子足球联赛。此外，我也会从足球气泡里探出头来，到橄榄球气泡、冰球气泡和篮球气泡串门。

政治也渗透到了我的（足球）气泡中。在我关注的许多利物浦球迷中，经常有一股强大的工人阶级氛围。但我也关注英国右翼报纸和媒体的记者。我关注许多美国分析师，他们中的许多人倾向于支持民主党并转发反特朗普的文章，但我也关注在美国各地基层工作的足球教练，他们支持共和党的理念并受到基督教信仰的激励。在我关注的人中，有一位推特账号为 @SaturdayOnCouch 的足球分析师。他会发一些有关德国足球的热图，还会以朋友间开玩笑的口气"喷"那些反对特朗普的自由派足球分析师，这些内容都在不断地给我带来乐趣。

推特的世界包罗万象。在这里，有人呼吁曼联成立一支女子足球队，有莱斯特城足球俱乐部的球迷要求停止足球看台上的观众对同性恋的辱骂，在这里我还看到了有关美国工薪阶层对社会现状的不满如何导致唐纳德·特朗普"崛起"的内容。

政治渗透到社交媒体气泡的现象，可以帮助我们具体认识人们是如何接触到不同的政治观点的。加州大学戴维斯分校的教授鲍勃·哈克费尔特（Bob Huckfeldt）投入了三十多年的时间来研究我们的政治讨论。

在 1992 年老布什和克林顿竞选总统期间，鲍勃和他的同事们要求两党支持者列出与他们谈论过政治问题的人，以及他们所持的政治立场。他们发现，39% 的政治讨论发生在两个支持不同总统候选人的选民中间。这个统计数字能够计算出来，部分可能要归因于选民们更容易记住对抗性的讨论。但事实并不完全如此。在老布什与克林顿进行总统选举的前夕，美国各地民众都经常与持有相反观点的人谈论政治。

鲍勃强调，人们"生活在不同的环境中，为多个维度所定义"。比如，体育和政治就是两个不同的社会维度。不管是在比赛现场还是赛后的在线讨论中，体育迷们都会遇到持各种不同政见的人。在音乐、书籍、电影、食物和名人八卦等领域发生的情况也是如此。如果政治背景截然不同的人在网上相遇，他们可能以谈论电影《火车上的女孩》（*The Girl on the Train*）或《复仇者联盟》（*The Avengers*）开头，但总是以谈论政治收尾。

1992 年的竞选是否处于独一无二的黄金年代，友好的同事和体育迷们可以在吃午饭或者在酒吧喝酒时谈论两位政治候选人的优缺点？并非如此。

鲍勃注意到在德国和日本，类似的政治讨论氛围弥合了两国各自内部的政治分歧。他还发现 2000 年小布什和阿尔·戈尔（Al Gol）角逐总统时也出现了这样的现象。那次大选至今仍被视为美国过去 50 年中最具争议的总统竞选。在 2000 年的总统选举期间进行的调查显示，在选民间进行的政治讨论中，有超过三分之一是与对立党派的支持者进行的。

谈论政治可不是简单地说一句"哈，我比你懂"这么简单，政治话题远比它复杂深奥。在他们的研究中，鲍勃和同事们还测试了人们的政治知识，并且发现当人们想要更多地了解一件事情时，他们会求助于专家。人们更愿意询问那些对政治了解更多的人持有何种观点，而不在乎这些人的政治见解如何。

然而小在布什和戈尔竞选总统后的 18 年时间里，社交媒体是否改变了我们交流政治话题的方式？这个问题一直没有答案。鲍勃的研究是在推特、脸书和 Reddit 面世之前完成的，因此近来很多人认为现在是新时代、新气象，旧的那一套理论已经过时。

考虑到在英国脱欧公投和美国政治竞选期间人们对网上舆论两极

分化的担忧，我想知道回声室已经全面主导了我们的网络生活，还是鲍勃的研究结果仍然符合当下的情况。

我决定自己来验证。

图 12.1 显示的是我在推特上的部分社交网。图中的每一个圆圈代表一个和我互相关注的人。中间那个圆圈代表的是我，所有的线都连接到我（因为我是网络的焦点）。其他两个圆圈之间的线条表示我的推特粉丝也互相关注了。该图只包括"典型"的推特用户，我将其定义为那些关注不到 1 000 人，同时被不到 1 000 人关注的推特用户。学术大拿、社会名流和媒体著名人士都因此被排除在外。

我的社交网络图有一个非常独特的结构。在图 12.1 顶端，有一群人相互连接，包括我本人。这群人就是科学家们，我们聚在一起分享最新研究成果，自嘲他们攻读博士学位的岁月，并抱怨科研资金匮乏的状况。这个群体是最典型的一类回声室：我们彼此持有相同的观点、互相附和，并分析最近的八卦消息。

在我的社交网络中，其他连接则更加分散。这些人彼此之间不认识，但他们都认识我，其中包括了我的很多球迷朋友。我出于研究足球的目的选择关注什么人，比我出于科学的目的决定关注什么人，来得更加随机。有时，我会和某位用户热烈讨论，不停分享一些关于某场比赛或者某名球员的推文。我享受这种交流方式，因此决定关注一直与我互动的推特用户，而他很有可能并不认识我以同样方式关注的另外一个人。

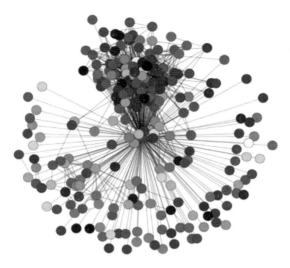

图 12.1　我的推特社交网络

注：圆圈代表推特上所有与我互相关注的人（被不超过 1 000 个人关注）。最中间的圆圈代表我，互相关注的人用直线连接。灰度较深的圆圈代表这个人与三家报纸（《每日镜报》《卫报》《金融时报》）之间的分隔度（the degree of separation）较低，这三家报纸在英国脱欧公投前夕刊登的倾向留欧的文章更多。灰度极浅的圆圈代表某人与倾向脱欧的报纸（《泰晤士报》《每日星报》《每日电讯报》《太阳报》《每日邮报》和《每日快报》）的分隔度低。中等灰度的圆圈代表此人处于这两个极端之间。（乔基姆·约翰逊制图）

我们与反对者之间只隔着 6 个人

　　为了研究政治如何影响与我在推特上互相关注的朋友，我的一位硕士研究生乔基姆·约翰逊提出了一个很好的想法。他把英国脱欧问题视为我社交网络中最重要的政治事件，因为我的大多数关注者都来自英国，而且它是我消息流上的一个热门事件。乔基姆根据我认识的人和英国报纸之间的分隔度赋予他们不同的灰度。根据推特上的关注情况，与支持留欧的报纸的分隔度较小的人得到较深的灰色，而那些支持脱欧运动的人则得到了较浅的灰色。

为了衡量分隔度的大小，乔基姆研究了一个人必须经过几个推特用户才能接触到英国最重要的九份报纸中的任意一份。如果某人关注了《卫报》，那么他与《卫报》的分隔度就是 0。如果他本人并未关注《卫报》，但是他的朋友关注了，那么他与《卫报》的分隔度是 1。如果本人未关注《卫报》，但朋友的朋友关注了它，那么分隔度就为 2，依此类推。这是衡量分隔度的标准做法，它通常与数字 6 有关。据说（但有一点瑕疵），我们和地球上任何人之间的分隔度最多不超过 6。

在我的社交网络中，灰度较深的人与脱欧公投前夕支持留欧的报纸的分隔度较小，灰度较浅的人则与支持脱欧的报纸的分隔度较小（图 12.1）。从图上可以看出，我的科学家朋友们（更亲近类似《卫报》这样的反对脱欧的报纸）和我科学圈外的朋友有个细微的差别：科学圈外的朋友灰度深浅不一，更为丰富多样。即使我已经了解了鲍勃·哈克费尔特的研究，但还是被一个发现震惊了，那就是我的朋友们和支持脱欧或留欧的报纸之间的分隔度可谓千差万别。足球和推特总体上让我能够接触到各种不同的观点。

我本人的情况不太有代表性。因此，乔基姆在他的论文中为上千名用户创建了关系网，这些用户每人至少关注一份英国的报纸。他们的社交网络通常包括一个或两个互相关注、关系密切的朋友群。有的群体中的用户全部支持留欧的报纸，有的群体中的用户全部支持脱欧的报纸。然而，在这些更有党派色彩的群体之外，总是存在一些相对独立的分支群体，这些分支群体里的朋友有着完全不同的网络关系，它们能够确保拥有不同政治观点的用户能够连接在一起。

对于只关注支持留欧的报纸的推特用户来说，他们的朋友中只关注支持脱欧的报纸的人的比例只有13%，相比之下，他们有54%的朋友只关注支持留欧的报纸，另外还有33%的朋友既关注支持脱欧的报纸也关注支持留欧的报纸。因此，就分隔度而言，我们大多数人离反对我们观点的报纸只有几步之遥。支持坚决脱欧的推特账户与《卫报》的平均分隔度只有1.2。支持坚决留欧的账户与《太阳报》的分隔度也仅为1.5。

唯一的例外是花边小报《每日星报》，它与支持留欧的账户及支持脱欧的账户的分隔度都是2.2。《每日星报》以报道似是而非的阴谋论而闻名，米凯拉·德尔·维卡里奥倒是可以将这些阴谋论放到她的研究中，但我们其余的人和这些观点几乎完全没有关系。

推特的个人用户通常希望听到正反双方的观点，了解事情的全部真相。为了说明这一点，我在英国脱欧的公投结果出来后不久，于推特上发表了一份英国报纸维恩图[①]。图12.2（a）表明，支持脱欧报纸的关注者和支持留欧报纸的关注者之间拥有不小的交集。这是因为人们同时关注《卫报》和《每日电讯报》的情况很常见。如果我们看一下支持脱欧的小报和支持留欧的大报[图12.2（b）]，这种交集就缩小了。

---

① 维恩图是指在不太严格的意义下用以表示集合（或类）的一种草图。

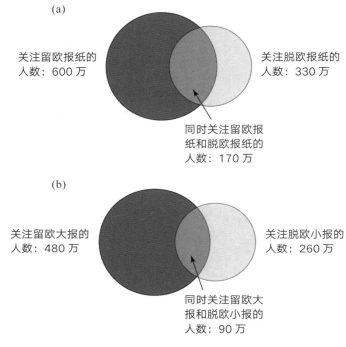

(a)

关注留欧报纸的
人数：600 万

关注脱欧报纸的
人数：330 万

同时关注留欧报
纸和脱欧报纸的
人数：170 万

(b)

关注留欧大报的
人数：480 万

关注脱欧小报的
人数：260 万

同时关注留欧大
报和脱欧小报的
人数：90 万

图 12.2　关注英国报纸的推特用户数维恩图

注：我将报纸分类为留欧大报（《卫报》《独立报》《金融时报》），
脱欧大报（《泰晤士报》《每日电讯报》）、留欧小报（《每日镜报》）
以及脱欧小报（《太阳报》和《每日邮报》）。图（a）为关注留欧报纸、
脱欧报纸以及两者均关注的人数，图（b）为关注留欧大报、脱欧小报以
及两者均关注的人数。

　　英国民众对报纸关注的分化，与政治观点的关系较少，而与既
有的小报和大报间的对立存在更突出的关系。很多《卫报》读者已经
关注《每日电讯报》，因此如果你是《卫报》的读者，但非常想拓展
自己的视野，就可以关注《每日邮报》。来吧，不妨一试。

　　在网上谈论政治时，我们倾向于花更多的时间谈论我们不喜欢的事情，而非我们喜欢的事情。对总统预选所做的一项研究发现，推特上的共和党支持者提起希拉里的次数比民主党支持者更多。同样地，民主党支持者也比共和党支持者发表了更多有关唐纳德·特朗普的信息。我们完全无法抗拒集中火力批评对手领袖的诱惑。

　　推特的排序算法改变了这些深层的情感。计算机科学家朱希·库什雷斯塔（Juhi Kulshrestha）和她的同事们发现，如果你在选举期间到推特上搜索希拉里·克林顿，那么显示给你的推文往往比推特上全部推文反映出的整体情感更倾向于支持她。另一方面，对唐纳德·特朗普的搜索结果则强化了这位候选人的负面形象。就像在英国一样，美国的推特用户会稍微偏向自由主义，推特对推文的过滤又（稍微）增加了这种偏向。

　　阅读关于推特的研究并进行了自己的实验后，我得出的结论与之前从拉达·阿达米克的脸书研究中发现的结论类似。对于那些关注报纸并不断跟进时事的人来说，推特和脸书并非坚不可摧的回声室。尽管有一点自由主义倾向，这些社交媒体网站仍然帮助人们传播和分享了各种各样的信息。总的来说，我们看到了各种观点，听到了很多不一样的声音，有些我们喜欢，有些我们不喜欢，但它们都让我们了解了我们所生活的世界。我们广泛的社会关系帮助我们从气泡里脱身。

　　与我交谈过的研究人员以及自由媒体的无数评论文章都在反复谈论另外一个大家极为关切的问题。这种关切不是针对阅读报纸的人，而是针对那些与传统新闻脱节的人，以及那些可能从其他不太可靠的来源获取新闻的人。好在我和乔基姆研究的推特用户已经关注英国的报纸了。关于这些出版物的新闻质量，人们可能众说纷纭，但它们都是遵守行业准则和英国法律的正规媒体。

唐纳德·特朗普在指责媒体利用推特扭曲事实的同时，他自己也在做着同样的事情。此外，布莱特巴特之类的网站在不断以误导他人的方式发布新闻；脸书页面散布着令人发指的谣言。

面对当前网络的种种信息乱象，人们有理由担心许多人不再从可靠的消息来源获取新闻。我可以很自信地说，我和其他报纸读者接收到的都不是经过过滤的信息。

但是那些忽视主流媒体的人呢？

我已经研究了一些阴谋论的气泡，里面的发现令人担忧。关于政治领导人的谣言被普遍传播，它们可能会影响那些不知道传统媒体的人群，这就是假新闻的潜在影响。

传统媒体发表了大量文章，认为这种事情确实正在发生。据说，许多人正迷失在一个充斥着娱乐八卦、体育节目、宠物短片和网络梗的时代里：真实的新闻让人无聊，而假新闻则是娱乐的源泉。这是一个后真相的时代。是否有人正生活在一个后真相时代里？我必须找出答案。

第 13 章

假新闻才是娱乐的源泉

我第一次听到有关贝茨（Bates）船长和斯坦斯（Staines）水手的谣言，还是在 20 世纪 90 年代初期。当时我是一名学生。谣言说，贝茨和斯坦斯是我最喜欢的儿童节目之一《普格沃什船长》（*Captain Pugwash*）里面的船员名字，我对此深信不疑。

这不难理解，因为这个节目在 20 世纪 70 年代播出时，我的朋友和我都还少不更事、天真无邪，没有人注意到里面的人都用了什么名字。谣言起源于《卫报》的一篇文章，我本人从来没有看过这篇文章，但我认为它可能是真的，并且也如此告诉别人。这真有意思。

然而这是一条假新闻，《普格沃什船长》的制作人还因此起诉了《卫报》并赢得了官司。

是谁创造了"曼德拉效应"？

在普格沃什谣言之后的许多年里，我都会和朋友们一起笑话我们当年的愚蠢，因为这个谣言实在拙劣，明眼人一看就知道是假的。我再也不会上当了。有一天晚上，我的儿子和女儿告诉我世界上有个叫"曼德拉效应"的东西。我完全不知道这是什么。

为了更好地给我解释曼德拉效应，女儿问我："皮卡丘 [①] 尾巴上有没有一个黑点？"

"有的。"我回答道。我以为是有的。

"没有。"艾莉丝告诉我，"很多人都认为有，并且在画皮卡丘的时候把黑点加上。但那里是没有黑点的。"

曼德拉效应指的是你认为某件事情是真的，但并非如此。

"好吧，我明白了这个概念。但是为什么要叫作'曼德拉效应'呢？"我问。"自己谷歌搜去。"女儿回答。

于是我去谷歌上搜索了这个词。当我输入"曼德"时，谷歌的自动完成建议将"曼德拉"作为一个首要选项推荐给我。不费吹灰之力，我找到了一条解释这一现象的 YouTube 视频。他讲述了皮卡丘的尾巴上有黑点、大富翁戴着单片眼镜、达斯·维德（Darth Vader）对卢克天行者（Luke Skywalker）说过"卢克，我是你的父亲"，以及其他一些错误记忆。这些错误都不算什么大事。

让我吃惊的是关于曼德拉的故事的原始版本。按照这个 YouTube 用户的说法，很多人认为曼德拉在 20 世纪 80 年代死于狱中。这名 YouTube 用户和很多与他一样的人，包括我自己的子女，似乎认为纳尔逊·曼德拉死于狱中这一误解是让我们最早注意到错误记忆的例子。

[①] Pikachu，《精灵宝可梦 GO》游戏里的精灵之一。

但事实并非如此，并没有令人信服的证据表明很多人认为曼德拉死于狱中。稍作研究后我发现，整件事都可以溯源到一篇由"超自然顾问"菲奥娜·布鲁姆（Fiona Broome）在 2010 年撰写的博客帖子。我又回到那个让阴谋论流入主流舆论的世界中了。没有证据表明曼德拉效应到底有没有原始版本。

木已成舟，"曼德拉效应"已经成为"曼德拉效应"。尽管千万人相信曼德拉死于狱中这件事情从未发生，但在 YouTube 上，曼德拉效应已经成为错误记忆这一现象的代名词。

假新闻是一个朝阳产业。YouTube 上关于"曼德拉效应"的视频得到了数百万的浏览量。广告主付费给这些视频主人播放广告，所以在视频开始之前，我都必须观看一些广告。视频主人收获了"赞"，然后精心炮制下一段热点视频。这些视频只带有一些误导性，特别是在曼德拉这点上，但其他的假新闻网站却存在更多似是而非的内容。

2016 年美国总统竞选期间及随后的一年时间里，假新闻开始真正大行其道。成立了 BuzzFeed 网站的编辑克雷格·西尔弗曼（Craig Silverman）做了一个清单，上面列出了有关特朗普、希拉里竞选的重大报道。大多数报道都偏向特朗普，它们的标题包括"教皇支持唐纳德·特朗普""希拉里的有关'伊斯兰国'的邮件刚刚泄密""调查希拉里的联邦调查局（FBI）探员离奇身亡"等。

当然，也有反特朗普的头条新闻："名人鲁保罗（RuPaul）[①]揭露特朗普曾猥亵他。"一些报道来自讽刺性的网站，另外一些来自极右

---

① 鲁保罗是一位美国变装明星，也是演员、模特和歌手。

翼支持者的网站。很大一部分报道最初出自马其顿某小镇的一群年轻人之手，他们根据网站上投放的广告量获得收入。为了能使新闻内容实现病毒式传播，这些年轻人经常不顾真实性地将它们放到脸书上。

唐纳德·特朗普给《纽约时报》、CNN 和其他传统媒体贴上了假新闻媒体的标签，因为他认为这些媒体一边倒地对他的总统工作做了负面报道。特朗普怎样定义假新闻，那是他的自由。但我的定义会更加严格：假新闻是指那些可以被证实为违背事实的新闻，我们不能仅从政治角度出发，就武断地判定它是假的。假新闻是被 Snopes 和 PolitiFact 这类进行事实核查的网站所收集，并被证明确实错误的新闻。

根据这个定义，选举期间至少出现了 65 个假新闻网站。对照我的那个定义来看，另类右翼（alt-right）[①] 网站布莱特巴特刚好位于界线上：一只脚在假新闻的门内，一只脚在假新闻的门外。

问题不在于假新闻存在与否，因为它们肯定存在。问题在于它对我们的政治观念产生了多大影响。我们是否确实生活在一个后真相时代里？

检验后真相理论的唯一恰当方法是调查研究和分析数据。经济学家亨特·奥尔科特（Hunt Allcott）和马修·根茨科（Matthew Gentzkow）就是这样做的。他们想要评估 2016 年美国总统大选前假新闻造成的影响，于是他们给参加在线调查的人看了一系列假新闻报道，包括：

---

① 另类右翼组织是持有极端保守或反对变革观点的意识形态组织，主要特点是反对主流政治，通过网络媒体故意散布有争议的内容。

为了给奢华派对购买酒精，希拉里基金会的工作人员因挪用资金而被定罪。迈克·彭斯（Mike Pence）说："米歇尔·奥巴马是我们所见过的最粗鄙的第一夫人。"

泄密文件显示，特朗普的竞选团队策划了一个阴谋，先是欺骗民主党选民会开车带他们去投票站，然而将他们载往别的地方。在大选前几天的一次集会上，奥巴马总统对支持唐纳德·特朗普的一名抗议者大吼大叫。

亨特和马修将被调查者看到这些假新闻时的反应与他们看到真实新闻时的反应进行了比较。

被调查者要回答两个问题，第一是他们是否听说过这些新闻报道，第二是他们是否相信这些报道。平均约 15% 的人想起自己听说过他们在测试中看到的假新闻，70% 的人则说自己读到过真实的新闻。我们可以得出结论：人们听到上述任一虚假新闻的概率达到 15%。这个数字已经相当大了。如果你愿意，现在就可以自己试一下。你记得自己在选举期间听到过上述的几条假新闻？

如果你记住的假新闻超过一半，我会觉得情况有些不妙，因为这些谣言中只有两条确实在网上传播过。而亨特和马修编造了第一和第三个报道，像为患者进行安慰剂治疗（placebo treatment）① 一样将这两条呈现给被调查者。然而在实验中，14% 的人声称他们听说过这些

---

① 安慰剂治疗指虽然为患者提供了无效药物，但因为他们"预料"或"相信"治疗有效，最后能够舒缓病患症状的治疗。

虚假的假新闻，这与 15% 的人说他们听到了真实传播过的假新闻并没有太大的数字上的差异。即使是在选举过去后不久，被调查者也无法正确地记住他们在网上看到的假新闻是什么。

除此之外，亨特和马修对新闻如何在脸书上传播做了分析，并且在对比了传统新闻网站之后得出了假新闻网站的相对影响力。他们汇总了所有信息后做了一个粗略的估算（"back-of-an-envelope" calculation），发现普通美国人去投票的时候最多只能记起一两个假新闻，而且他们不太相信这些报道。

当我联系马修时，他不愿意下一个明确的定论，说假新闻对选举没有影响。他告诉我："我们无法估计一个人看到一则报道/广告后，他的投票方式会受到什么影响。"新闻接触面与实际投票之间有何关联需要进一步研究。

即使我们像马修建议的那样谨慎，我也看不出假新闻效应会如何积累起来。尽管唐纳德·特朗普在选举中取得了微弱的胜利，但亨特和马修的"粗略"计算表明，假新闻只不过是毫无意义的噪声而已。

与后真相时代概念所指的状况截然不同，假新闻的收效微乎其微。没错，是有铺天盖地的假新闻报道充斥在我们的各种媒体中，但它们很快就会被人忘记，也很少有人相信它们。

鲍勃·哈克费尔特告诉我，他从自己的研究里得到的最大启发之一就是，"对政治事务感兴趣并且有所了解的公民总是（对相同背景的人）特别有影响力"。我们没有理由相信，马其顿的一群少年为获取广告收入而编造了一些故事，哈克费尔特的这个发现就被改变了。

在政治竞选中，算法创造的假新闻传播甚广

一度最引人注目的假新闻出现在唐纳德·特朗普赢得总统大选后的第二天。在谷歌新闻中输入"最终选举计票"的美国人会大吃一惊，因为最热门的搜索结果是一篇来自"70 News"网站的文章，这篇文章称："2016 年的最终选举结果：特朗普同时赢得了普选和选举人团的投票。"但这个说法不正确，尽管希拉里输掉了选举，但她赢得的普选票数比特朗普多几百万张。

进入 70 News 网站后，我发现了一套闻所未闻的观点。"最后选举计票"这篇文章称，300 多万非法移民在选举中投了票。假设这些"非法移民"大多数都将票投给了希拉里·克林顿，那么 70 News 就能够证明特朗普实际上赢得普选了。

投票违规的消息来源可能是一条推文，因此很明显，70 News 的这条新闻没有可信度。但我不由自主地花了半个小时来研究网站上的其他"事实"，这个过程相当有趣。

70 News 指出，唐纳德·特朗普将在 2017 年 1 月 21 日——即他就职后及执政的第一天——刚好满 70 岁 7 个月零 7 天。21 等于 7+7+7，这含有很多个 7。70 News 的解读是，777 是上帝的数字。所以，这个数字预言了特朗普是"天选之主"。

至少从数学上来讲，特朗普的 777 预言碰巧成真了。然而，这个预言本身不太可能站得住脚。不幸的是，这一涉及数字命理学的分析是该网站上唯一有趣的内容，除此之外它所充斥的都是种族主义言论、

阴谋论和右翼宣传，并且它们中的大部分来自社交媒体。

一条来自 70 News 网站的新闻是如何登上谷歌搜索首位的？为了找到答案，我首先使用了 SharedCount 服务来查找哪些网站分享了 70 News 的这条新闻。SharedCount 显示，这条新闻在脸书上的被分享次数达到了难以置信的 50 万次，而在推特、Google+ 和 LinkedIn 等其他网站上的被分享次数仅为几百次。

显然，脸书对这样的结果难辞其咎，而且在脸书上搜索这条新闻的链接时，我证实了它确实要对此负责。这条新闻在脸书上被很多人分享过很多次，它成功的原因可以追溯到一小部分美国右翼脸书页面："热爱美国退伍军人"（America's Veterans are Loved）、"特朗普粉丝网"（Trump Fan Network）和"威尔·B. 坎迪德"（Will B. Candid）都分享和评论了这个链接，继而促使很多关注这些页面的人也分享了这个链接。

70 News 新闻与米凯拉·德尔·维卡里奥所研究的意大利阴谋论拥有相同的传播途径。它始于极右翼支持者的回声室，却能够变得如此流行，甚至溢出常见的极端主义群体。不少特朗普的支持者认为它"有道理"，并分享了它。其他支持者确实质疑过这篇文章的真实性，但也同时强调真假并不重要，因为他们这边已经赢了。

就像阴谋论一样，假新闻也有它的始作俑者和追随者，但一旦它流行开来就常常会受到挑战。而这一次，谷歌的算法在这场胜利庆典中却变得昏头昏脑，竟把这篇文章列为头条新闻。

这让我想起了水桶里的蚂蚁。并不是每个人在看过 70 News 后都会想到蚂蚁，但我想起了很多与它们有关的现象。蚂蚁是令人着迷的动物，有着各种令人难以置信的交流机制。它们留下名为"信息素"的化学物质，以显示通往食物的路径，标记它们的领地，甚至给蚁穴的同伴示警。一个蚁群就是一个超级有机体，它们可以在深至地下几米的地方建造高度超过一米深的巢穴，它们还可以建立起一个覆盖数平方千米的供应链网络，某些种类的蚂蚁甚至能够种植或养殖自己的食物。

但如果你把蚂蚁放在一只水桶里，它们就会变得非常愚蠢。我第一次听说的水桶实验是英国布里斯托尔大学的生物学家奈杰尔·弗兰克斯（Nigel Franks）做的。他与自己的同事在 1989 年提出了要做这个实验的想法，当时他们还在巴拿马。他们的灵感来自 20 世纪 40 年代的经典研究。

　　　　研究人员把行军蚁放在一只水桶里，这只水桶的边缘涂上一层材料以防止它们逃跑，然后他们从水桶上方对蚂蚁进行拍摄。蚂蚁不停地绕圈，而且越绕越快。在移动的时候，它们会释放出一种化学信息素，这使得它们身后的蚂蚁认为前面一定有好东西，最终所有的蚂蚁都加速前进。一个社会反馈循环就这样被创造出来了，而且没用多长时间所有的蚂蚁都已全速行进。

我在一系列不同的物种身上都观察了社会反馈导致动物做出愚蠢

行为的现象。我的合作者，悉尼大学的阿什利·沃德（Ashley Ward）发现，如果背棘鱼认为其他鱼先从捕食者身旁游过，那么它们也会做同样的事。在与牛津大学的多拉·比罗（Dora Biro）一起进行鸽群导航实验时，我们研究了一只被多拉称为"疯狂鸟"的鸽子。这只领头鸽带着其他鸽子选择了一条迂回曲折的远路回家，即使它后面的鸽子知道有一条更短的路径，大家也还是跟着它飞。

所有这些都是社会反馈的例子，在这种反馈中，群体会因互动影响法则而产生困惑，从而做出一些愚蠢的事情。

问题的关键在于，作为科学家的我们看到社会反馈会导致群体愚昧行为时，能得出什么结论。我们可能会认为"模仿或跟随其他同伴行动不利于动物生存"。我们可能禁不住想要构建一个叫作"反馈气泡"的理论，以指代所有动物群体做出"蠢事"的例子。我们还可能认为它们正生活在一个"后生存"的世界里，没有意识到自己会无尽地绕圈，直到死亡。

但是上述理论未能形成，原因很简单：我们看到动物群体也一起做了很多非常聪明的事。奈杰尔·弗兰克斯做"水桶实验"是为了更好地了解行军蚁如何进行大规模的群体行动，将森林地面上所有可以获取的食物一扫而空。在阿什利·沃德操控一只假鱼游过捕食者以误导背棘鱼的实验中，他还发现（当我们不试图欺骗它们的时候），鱼群在发现和避开捕食者方面做得比单只鱼要出色得多。朵拉·比罗已经证明，她实验中的鸽子其实会一起认路，而且群体也通常比个体更快地找到回家的路。当群体行动时，蚂蚁、鸟和鱼都是聪明的。

70 News 事件证明，谷歌和脸书陷入了反馈循环。谷歌和脸书发现某件事的搜索次数和分享次数在增长时，其算法就会把它列为重要事件。但这样的错误为数不多，因为这两家公司都有阻止它们出现的动机。正是由于公众的负面评论，这两家公司都在极力避免把有助于传播攻击性观点的反馈循环带到主流社会。

一位为脸书主页"威尔·B. 坎迪德"工作的极右翼人士在分享 70 News 假新闻的过程中起到了重要作用，于是我在脸书的私人聊天对话框中与他谈话。当我询问这个主页具体都做什么时，他并不是特别坦率，但愿意告诉我一件事："在我看来，脸书使用的算法是罪恶的，它带有倾向性且可以被操控，而且这种倾向和操控并非总是出于正当理由或为用户的利益考虑。"显然，在社交媒体上传播种族主义、憎恨女性和不宽容思想，并不像过去那么容易。

虚假信息和假新闻的存在已经成为所有选举的突出特点。在 2017 年法国总统大选的前两天，一场在网上的虚假信息传播运动以"#马克龙泄密"（#MacronLeaks）拉开序幕。电脑黑客侵入了伊曼纽尔·马克龙（Emmanuel Macron）竞选团队的电子邮件账户，并将通信内容公布到了网上。

在推特上，"#马克龙泄密"旨在确保人们知道此次黑客攻击，并让人们尽情发挥想象去猜测和讨论泄密内容。当时，马克龙和另类右翼候选人马丽娜·勒庞（Marine Le Pen）的竞选投票已经到了短兵相接的关键时候，"#马克龙泄密"的参与者想要在选民心中造成尽可能多的不确定性。

"#马克龙泄密"活动的主角是机器人，即通过运行计算机脚本进行大规模信息分享的虚假账户。机器人天生擅长传播假新闻，因为它们可以轻而易举地编造出很多不实消息，而且你要它们怎么说，它们就怎么说。它们是蚂蚁"骗子"，它们告诉谷歌、推特和脸书，一些新鲜有趣的东西已经出现在互联网上。这些机器人的创造者希望网络对这个标签产生足够的兴趣，把它顶到推特首页，如此一来所有的推特用户都可以看到这个标签并点击它。

来自南加州大学的埃米利奥·费拉拉（Emilio Ferrara）决定追踪这些机器人，并弄清楚它们在做什么。首先，他判断了针对法国大选进行发帖的推特账户的"人格"。他采用我们在第5章中看到的回归方法，自动对人类用户和机器人用户进行分类。他告诉我，上传了大量帖子、拥有众多关注者且推文被其他人收藏的用户，更有可能是人类。人气不高、互动更少的推特账户很可能是机器人。当在随意选择的两个用户（一个是机器人，一个是人）中间做出判断时，他的模型非常准确，他可以在89%的情况下准确识别出机器人。

"#马克龙泄密"的推特机器人军团确实造成了一定影响。在选举前的两天里，大约10%与选举有关的推文都是讲泄密的。正好法国在这个时候实行了选举新闻管制，在此期间，报纸和电视都不得报道政治，投票结束后管制才解除。

于是，"#马克龙泄密"标签成功地跻身推特的热门列表，这意味着真实的用户在他们的屏幕上看到了这个标签，并点击它去了解更多信息。机器人军团在最佳时机采取了行动。

然而，这些机器人的创造者遇到了一个意料之外的问题，因为它们推文的受众是一群非常特定的人。大多数关于"＃马克龙泄密"的信息都是用英语而不是法语发送的。在这些推文中，最常见的两个词是"特朗普"和特朗普的竞选口号缩写"MAGA"（Make America Great Again）。绝大多数与机器人分享和互动的人类用户都是美国的另类右翼支持者，而不是那些与法国大选相关的人（或者说有投票权的人）。

埃米利奥的另一个重要发现是，这些关于"＃马克龙泄密"的推文所使用的词汇量非常有限。它们一遍又一遍地重复着同样的信息，却没有扩展讨论的广度和深度。它们常常带有能够跳转到美国另类右翼网站的链接，比如网关专家（The Gateway Pundit）和布莱特巴特，以及在美国大选期间传播假新闻的盈利网站。

最后，机器人账户对法国选民只产生了非常微弱的影响，马克龙以 66% 的得票率赢得了选举。

虚假报道只存在于社交气泡之中

埃米利奥的调查发现与亨特·奥尔科特和马修·根茨科对 2016 年美国总统大选中假新闻的研究结果类似。亨特和马修在他们的研究中发现，只有 8% 的人相信假新闻，而且那些相信这些新闻的人所带有的政治倾向往往已经与假新闻的观点相同。

共和党的支持者倾向于相信"希拉里基金会购买了 1.37 亿美元的非法武器"，而民主党人则倾向于相信"爱尔兰（将）接受因特朗普当选总统而向它寻求政治庇护的美国公民"。

这些结果得到了早期研究结果的进一步支持。早期研究表明，共和党人更有可能相信巴拉克·奥巴马出生在美国本土之外，而民主党人更有可能相信小布什在"9·11"恐怖袭击事件发生之前就已经知道了这件事。最不可能相信虚假新闻或阴谋论的人是那些尚未决定支持谁的选民，而正是这些人将决定选举的结果。

许多报纸和新闻杂志从 2017 年的年头到年尾都不亦乐乎地报道过滤气泡和假新闻。这是一种类似"曼德拉效应"的现象，颇具讽刺意味，因为这些报道本身就写于气泡中。它们利用人们的恐惧，消费唐纳德·特朗普和剑桥分析公司，抨击脸书，妖魔化谷歌。

我的孩子们观看的 YouTube 视频的账户经常讨论如何用"元对话"（meta-conversations）① 来增加视频观看次数。像丹与菲尔（Dan & Phil）这样的视频博客主（Vloggers）把它提升了三四个层次：他们会自嘲沉迷于让他们走红的名声和财富，然后分析他们是如何自嘲的。同样可笑的现象也发生在有关过滤气泡和假新闻的报道上，不同的是，这些报道的作者大多没有意识到这里面极具讽刺意味。

有关过滤气泡的危险性的文章一路蹿升到谷歌搜索的顶部，里面尽是像"将特朗普赶出推特"或"特朗普支持者深陷过滤气泡"这类用语。但是，这些文章中几乎没有几篇去深入研究网络交流到底如何运作。假新闻不断地被传播、扩散，产生自己的"链接果汁"，却没

---

① 元对话指的是这样一种对话：对话本身的主题就是对话，讨论对话的风格、对话的参与者、对话的背景以及这一对话与其他对话之间的关系。

有任何人去认真地分析数据。

没有确切的证据表明，假新闻的传播改变了选举的进程，或者推特机器人的增加对人们讨论政治的方式产生了负面影响。我们没有生活在后真相时代。鲍勃·哈克费尔特关于政治讨论的研究表明，我们的爱好和兴趣可以让其他人的观点渗透到我们的气泡中。

埃米利奥·费拉拉的研究表明，至少就目前而言，这些推特机器人的影响极其有限，只是在和其他机器人以及一小群想要看到那些假新闻的另类右翼美国人交流而已。亨特和马修已经证明，关注和分享假新闻的只是少数人，而不是多数人。而且无论如何，没有人能一字不漏地想起这些假新闻。

拉达·阿达米克的研究表明，脸书上的保守主义者通过他们朋友的分享和脸书新闻推送所看到的内容，只比他们随机翻看新闻的时候少看到一点带有自由主义倾向的新闻而已。

如果有人说社交媒体气泡阻碍了美国自由主义者认清2016年总统选举时美国社会所经历的事，那么他的证据更加站不住脚。在拉达的博客圈和脸书研究中，自由主义者的观点没有保守主义者多元，不过这种影响很小，甚至我本人也没有完全公正地批评一些"分析社交媒体对用户的数据进行分析"的自由主义新闻媒体。许多新闻记者继续追究谷歌和脸书的责任，逼迫他们进一步改进。自由主义者比保守主义者可能更容易受回声室的影响，但这可能是因为他们对互联网的使用比保守主义者更频繁。

我觉得自己兜了一圈。当我刚开始研究影响我们在线行为的算法时，我对 PredicitIt 所创造的集体智慧如痴如醉。但后来我发现，"大家也喜欢"算法主导了我们的在线互动，并导致反馈失控的出现，还产生了另一个世界。在商业利益的驱使下，"黑帽"试图把流量引导到他们与亚马逊链接的联盟网站。因此产生的大量无用信息甚至让谷歌的算法不堪重负。也就是在那个时候，我对谷歌不再抱有幻想。而在解决不停过滤信息这个问题上，脸书也没有什么作为。

为什么到了政治这里，情况会不一样呢？为什么假新闻的"黑帽"起不到和闭路电视摄像头的"黑帽"一样的作用呢？

首要原因是两者所涉及的利益存在天壤之别。散布假新闻的马其顿少年的收入非常有限，他们的大部分广告费都来自特朗普纪念品的广告，而与亚马逊上其他产品相比，特朗普纪念品的市场份额很小。最成功的假新闻制造者的收入（根据马其顿少年自己的说法）每月最多 4 000 美元，而且仅仅是在特朗普当选前的四个月里才能挣这么多。从长远来看，如果你想成为一名"黑帽"企业家，那么西蒙的网站是更好的投资。

"黑帽"未能过多染指政治的第二个原因，是我们对于买哪个牌子的闭路电视摄像头的关心，远远比不上我们对政治的关心。甚至我们对杰克·保罗和"大米口香糖"之间的假牛肉之争的关心程度也比不上我们对政治的关心。

大家可能越来越不相信媒体和政客，但没有证据表明人们在政治事务上的参与度有所降低，无论青年还是老人都是如此。恰恰相反，年轻人利用便利的网络通信，发起了针对特定议题的宣传，比如环保主义、素食主义、同性恋权利、性别歧视和性骚扰等。他们还利用网络来组织线下的示威游行。

虽然很少有人积极地撰写关于闭路电视或宽屏电视的博客，但有很多非常真诚的人在写作政治类文章。英国工党的左翼青年团体"动力"（Momentum）的宣传活动和 2016 年伯尼·桑德斯的总统竞选活动都是通过网络社区组织起来的。右翼的民族主义者也组织了抗议活动，在网上分享他们的观点。

你我可能不同意所有这些观点，也绝不接受推特上的欺凌和辱骂，但大多数网民的帖子都与自己的真情实感密切相关。这些帖子数量众多，所以我们必然会接触到无数截然不同的观点。

当然这并不等于我们可以对潜在的危险坐视不管，比如，一个由政府组织的"黑帽"运动就有可能动员足够的资源来影响选举。

尽管谷歌搜索、脸书过滤算法和推特热门推荐都存在各种各样的问题，但我们也要记住，它们同时也是非常出色的工具。在你搜索时，算法偶尔会将错误信息和无礼的内容显示在首页。我们可能不喜欢这种情况，但也必须意识到这不可避免，因为谷歌的运作结合了"大家也喜欢"和过滤算法，这是它的一个内在缺陷。就像蚂蚁具备收集大量食物的惊人能力，而绕圈行进是它们这种能力的副作用一般，谷歌也具有惊人的收集和呈现信息的能力，但它也有自己内在的缺点。

谷歌、脸书和推特目前使用的算法的最大局限性在于，它们无法正确理解我们彼此分享的信息的含义。这就是为什么它们会继续被西蒙的网站所愚弄的原因。尽管这个网站上的文本是原创文本，而且语法正确，但这些内容其实废话连篇。谷歌等公司希望改进算法，使其能够监控我们的帖子，并通过理解帖子内容的真正含义，自动决定它们是否适合被分享以及应该与谁分享。

这些公司目前都在全力以赴解决的问题是，如何让算法理解我们谈论的内容，以便减少我们对人类管理员的依赖。为了做到这一点，谷歌、微软、脸书希望他们未来的算法会变得越来越像人类自身。

第三部分

算法想取代我们

OUTNUMBERED

人类能否与人工智能实现

互利共生的和谐共存？

———— 史蒂芬·霍金 ————

　　全面化人工智能可能意味着人类的终结……机器可以自行启动，并且自动对自身进行重新设计，速率也会越来越快。受到漫长的生物进化历程的限制，人类无法与之竞争，终将被取代。

OUTNUMBERED

第 14 章

"学"出来的歧视与偏见

很少有人真的想成为种族主义者或性别歧视者。然而，在我们的工作场所，不同种族及男女之间都存在明显的不平等。与其他群体相比，白人男性的薪水通常更高，所做的工作也更有趣。为什么像我这样的白人男性的职场生活要比其他群体轻松很多？

不平等的部分原因在于我们做出判断的方式存在偏见。我们喜欢价值观和自己相似的人，而这些人往往也与我们存在共同之处。管理者更倾向于做出有利于同种族、同性别员工的评价。白人员工利用他们的社交网络互相支持，为其他白人朋友或熟人寻找就业机会。

在一个向波士顿和芝加哥的雇主发送假简历的实验中，尽管简历内容都差不多，但名叫艾米丽和格雷格的求职者获得面试机会的概率比雷科斯卡和贾马尔[①]高出 50%。另一项实验要求科学家们对简历进行评估。这项实验的结果显示，尽管男性求职者和女性求职者资历一样，但是科学家们更青睐男性求职者。

---

① 雷科斯卡和贾马尔都是少数族裔常用的名字。

算法决策：对付人类偏见的办法

我们常常意识不到自己的偏见。因此，心理学家们使用了一些狡猾的方法来揭示我们无意识的想法，其中一个就是内隐联想测试。测试中，参与者会看到一系列展示着黑人和白人面孔的图片，图片间穿插着正面和负面的词语。参与者的任务是在最短的时间内正确地对单词和面孔进行分类。这个测试并没有要求我们直接把面孔和词语联系起来，因为我们中很少有人会明目张胆地做出种族主义判断。相反，该测试根据我们的反应时间来识别我们在词汇联想中的内隐偏见。

关于测试是如何进行的，我不打算多说，因为我认为每个人都应该尝试一下这个测试。如果你没有听说过它，那么这个测试就能发挥最好的效果。所以，如果你还没有做过这个测验，那么现在就试一试吧。

尽管我事先查阅了测试的有关情况，并且也完全明白它的运作机制，但我的表现很差。测试告诉我，"你的数据显示，你在一定程度上对欧洲裔美国人的下意识的好感胜过非裔美国人"。也就是说，我是一个内隐的种族主义者。

我对自己很失望，决定继续对性别歧视进行内隐联想测试。在这方面，我自认不会栽跟头。我生活在瑞典，一个以提倡男女平等而闻名的国家。在带孩子方面，我总是努力花费自己一半时间来照料他们，而且在两个孩子进托儿所之前，我是主要照顾他们的人，每一个都带了六个月。当然，我这段照顾孩子的时间比妻子要短，而且我一点也不完美，但我和妻子之间的平等关系对我来说非常重要。

那么，测试结果是否真的如我所愿，表明我是一个没有性别偏见的人呢？我去，这次测试的是对女性/男性的名字与家庭/工作的联想，做到一半时我开始恐慌起来。我把男性和工作联想在一起的速度要比我把女性和工作联想在一起快很多，而且我不知道原因。对于和家庭相关的词语，情况正好相反：我更快地把家庭与女性联想在一起。测试结果差得不能再差。我对"男性和事业""女性和家庭"有很强的自动联想。

这次测试的结果对我的自我形象是个颠覆。我当然从来没有想过自己会是种族主义者，甚至宣称自己是女权主义者。但现在我不再如此确定了。关于我是一个什么样的人，我的潜意识似乎有不同看法。

在和迈克尔·科辛斯基交谈过后我才做了这项测试，迈克尔就是那位对脸书人格进行过分析的科学家。在与我交谈过的人中，有人坚信人工智能将无处不在，我们需要未雨绸缪，而迈克尔正是这些人中的一员。在根据我们的脸书个人资料构建出来的100维形象中，他看到了一些超出人类认知能力的东西。

我问迈克尔，我们是否应该把控制权交给算法？令我惊讶的是，他说应该。他解释道，**我们在做判断的时候会遇到很大的局限性："人类根据肤色、年龄、性别、国籍等属性判断他人。这些是我们用来建立刻板印象的信号，正是这些信号让我们误入歧途。"**

对于我们的刻板印象可能造成的后果，他直言不讳："纵观世界历史，我们不乏任人唯亲的现象，也不乏窃取他人工作成果、不劳而获的精英阶层。我们有过性别歧视，也有过种族歧视。"

"有着不一样的肤色、口音或带有鲜明的文身的人在面试中会处于劣势，"迈克尔告诉我，"我们不应该让人在招聘中做出决策，因为众所周知，我们并不公正。"世界上每个人都可能是性别歧视者和种族主义者。

当初与他交谈时，我以为他可能是在夸大其词。

但在做了内隐联想测试之后，我就理解他了。我的测试结果对我的唯一安慰是，我本人并非特例，大多数人都是如此。在近 1 000 万个测试结果中，只有18% 显示受试者没有种族偏见，而在 100 万个测试结果中，只有17% 显示受试者对性别持中立态度。迈克尔的话有点夸张，但并不过分。当我们将不同的词语联想到一起时，几乎所有人都带有某种形式的偏见。

迈克尔给出的解决之道是使用计算机管理的测试和评分系统来消除我们的偏见。他说："长久以来一些人都带有偏见，直到现在我们才具备了解决这些问题的技术。"迈克尔所说的技术涉及尽可能减少人类的干涉，使用与我们有关的数据并将它们交给算法，以及相信算法会做出公正的决策。

迈克尔的观点在直接向我挑战。我们应该让有偏见的人做决策吗？此类决策包括谁将获得一份工作，谁将获得贷款，谁将被大学录取。由于算法根据客观测量所得到的数据间的统计关系，将人们进行分类，那么我们将那些决策权交给算法不是更好吗？考虑到我自己内隐的性别歧视和种族歧视，我不再确定这个问题的答案究竟为何。

当你问谷歌"雄性奶牛的同义词是什么？"

我需要对算法如何理解我们所说所写进行更加仔细的研究。计算机在理解语言方面正表现得越来越好。在谷歌中输入一个问题，比如："电锯是如何工作的？"你看到的第一个答案也许是一个图示，它展示了曲轴、齿轮和链条是如何连接在一起的。将搜索结果往下拉，你看到的第二个答案将会是一个链接，点开它你就能找到更加详细的描述，并且包含所有技术参数。再往下看，你会看到一段解释电锯工作原理的视频，还有一些广告向你推荐适合你的电锯。谷歌现在不局限于搜索单个词语，它能够处理整个句子并回答你的问题。

谷歌甚至能回答更为复杂的问题。我随便输入："雄性奶牛的同义词是什么？"

谷歌回答"刚出生的雄性奶牛被叫作公牛犊"，并给出一个儿童百科全书的链接。为了防止我还不确定答案或想了解更多信息，谷歌又给出了相关搜索建议："所有雄性奶牛都称为公牛吗？"

然后我对着我的手机向 Siri 提出了同样的问题。Siri 有些自以为是地回答说（我的 Siri 是一名男性）："这就像在问怎么称呼一个雄性的女人！"在给出我想要的答案之前，他用了这么一段摘自雅虎知识堂（Yahoo! Answers）[①]的话来搪塞我。

在 20 年前起步的时候，谷歌的搜索策略非常简单：搜索那些含

---

① 雅虎知识堂是一种新型的网络信息交流服务平台，以互动问答的形式，提供向他人请教、回答他人提问，以及贡献和分享个人知识的服务，相当于国内的知乎。

有某个词语的页面，比如"雄性""同义词""奶牛"。而现在，搜索引擎的搜索策略变得十分复杂。

接下来我输入搜索引擎的问题是一个词汇类比："雌性"之于"母牛"正如"雄性"之于？找出诸如此类问题的答案涉及对生理性别概念的理解：算法需要"知道"世上存在雄性动物和雌性动物。词汇类比可以用于所有事物，从地理知识"巴黎之于法国正如伦敦之于？"到寻找反义词"'高'之于'低'正如'上'之于？"，不一而足。这些问题对于计算机来说可能有些困难，因为它们涉及辨识出将不同的词联系到一起的概念，比如"首都"和反义词。

解决词汇类比问题，有一个很容易想到但较为烦琐的方法，那就是程序员自己创建一个表格，列出每种雌性动物和雄性动物所对应的词汇，然后使用算法在列表中查询它要找的词语。这种方法在当前的一些网页搜索程序中得到应用，但从长远来看，这种方法注定会失败。因为我们最感兴趣的问题不是关于奶牛或首都，而是关于新闻、体育和娱乐。如果我们问谷歌一些热门话题，比如"'唐纳德·特朗普'之于'美国'正如'安格拉·默克尔'（Angela Merkel）之于？……"，那么，我们不希望等到查询表建立的时候才得到答案。

为满足我们对最新信息的不断需求，谷歌、雅虎以及其他互联网巨头需要开发出相应的系统，自动跟踪政治变化、足球转会新闻和《美国之声》选手的情况。这些算法需要通过阅读报纸、查看维基百科和关注社交媒体来了解新的类比和概念。

斯坦福大学自然语言处理小组的杰弗里·彭宁顿（Jeffrey Pennington）

和他的同事们发现了一种训练算法从网页中学习类比的绝妙方法。他们的算法被称为 GloVe（global vectors for word representation），即全面词向量表示，这种算法通过阅读大量文本来学习。

在 2014 年的一篇文章中，杰弗里指出他和同事训练 GloVe 学习了整套维基百科（Wikipedia）上的所有内容，当时维基百科共有 16 亿个单词和符号。此外他们还训练 GloVe 学习了第五版的 Gigaword 数据集，这一数据集包含了 43 亿个从世界各地的新闻网站上下载的单词和符号。这两者加起来相当于大约 1 万本詹姆斯国王钦定版《圣经》的文本。

斯坦福大学研究人员的方法的基础是，找出句子中一对词与第三个词一起出现在句子中的频率。例如，"唐纳德·特朗普"和"安格拉·默克尔"这两个词都出现在新闻报道中，并且与"政治""总统"或"总理""决策""领袖"等词一起出现。对我们来说，这些词定义了一个概念，即一个强有力的政治家的概念。GloVe 算法使用这些共同出现的词来构造高维空间，每个维度对应一个概念。

GloVe 采用的方法类似于我们在第三章中看到的主成分分析所用的旋转。GloVe 对数据进行拉伸、压缩和旋转，直到找到描述维基百科和 Gigaword 中所有 40 万个不同单词和符号所需的尽可能少的不同概念。最终，每一个单词都被表示为一个在 100 ～ 200 维空间中的点：有些维度与权力和政治有关，有些与地点和人有关，有些与性别和年龄有关，有些与智力和能力有关，有些与行动和后果有关。

特朗普和默克尔的点在很多维度中都非常靠近彼此，但也有一些维度的情况例外。例如，包含"特朗普"的句子通常包含"美国"，但很少包含"德国"。对默克尔来说，情况正好相反，她的名字经常出现在含有"德国"的文本中，但很少出现在含有"美国"的文本中。

随着算法逐渐建立起它的单词维度，它还发现包含"美国"或"德国"的句子也包含许多其他共同的单词（例如："国家""国民""世界"），并因此在大多数维度中将这些词放在彼此距离很近的位置。为了正确地描绘特朗普和默克尔，GloVe 算法在国家维度中将他们置于相隔较远的点上，而在政治领袖维度中将他们置于相隔较近的点上。

图 14.1 展示了算法是如何将词向量在"政治领袖"和"国家"两个维度上表示出来的。默克尔是一位来自德国的政治领袖，因此"默克尔"这个名字就位于左上角，而"特朗普"相应地位于右上角。"美国"和"德国"在国家维度上处于不同的位置，但在"政治领袖"维度上的向量值均为零。

为解答"'唐纳德·特朗普'之于'美国'正如'安格拉·默克尔'之于?"这个问题，我们首先在空间中找到美国所在的位置，然后从"美国"减去[1]"特朗普"，加上"默克尔"。这两个步骤得出的结果为"德国"，即"德国"="美国" - "特朗普"+"默克尔"。可见解答词语类比的问题已转换为二维空间的坐标运算的问题。

但这终归还是理论。为了验证斯坦福研究人员的算法在实践中是否有效，我下载了他们最近创建的算法。这个算法用 100 个维度来表示单词，并从同一个问题入手：

---

① 此处及文后出现的加减都表示向量的加减。

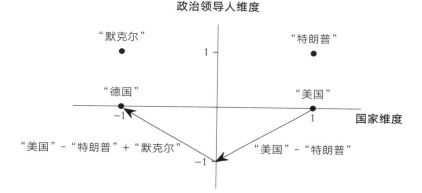

图 14.1　在二维空间中如何根据单词属性将这个词表示出来

注: 默克尔是一位来自德国的政治领袖,因此"默克尔"的坐标为(-1,1)。"特朗普"被定义为来自美国的政治领袖,所以它的坐标为(1,1)。"德国"和"美国"的坐标分别为(-1,0)和(1,0)。图中箭头表示从"美国"减去"特朗普",加上"默克尔",最后我们得出了"德国"这个答案。

"'唐纳德·特朗普'之于'美国'正如'安格拉·默克尔'之于?"

我输入"'美国'-'特朗普'+'默克尔'",得出答案——"德国"!算法算对了。在100维空间中,最近的一点确实是她所领导的国家。接着我决定看看算法是否理解两位领导人的性别差异:"'唐纳德·特朗普'之于'男性'正如'安格拉·默克尔'之于?"我又输入"'男性'-'特朗普'+'默克尔'",再次得出了正确的答案——"女性"。这个算法很聪明。现在看来,算法被用在世界领袖身上的时候是奏效的。

对这类问题,GloVe 算法还比较擅长。2013 年,谷歌工程师做了一组测试,评估算法对某些概念的理解程度,如性别("兄弟"—"姐妹"）、首都（"罗马"—"意大利"）和反义词（"合理的"—"荒谬的"），以及对语法关系的理解程度,如形容词与副词的关系（"快速的"—"快速地"）、现在进行时态与过去时态（"正走着"—"走了"）和复数（"牛"—"很多牛"）。GloVe 算法在这些问题上的准确率为 60% 至 75%，这个数值主要取决于它所掌握的数据量。

考虑到算法对语言并没有真正的理解能力，这种准确率已经相当不错。它所做的就是在空间中将词语表示出来，并测量不同词语在坐标中的距离。不过，GloVe 也会出错。而且正是这些错误应该让我们警惕起来。

我的名字，大卫，是英国最常见的男性名字，而英国最常见的女性名字则是苏珊。我决定看看 GloVe 认为苏珊和我的不同之处是什么。我计算了"'聪明'－'大卫'＋'苏珊'"，这就相当于问"'大卫'之于'聪明'正如'苏珊'之于？"。

答案是："随机应变"。嗯。在评估简历时，这两个词之间有重要区别。我聪明可能意味着我天生智力超群。苏珊随机应变似乎指向她更注重实际的一面。不过，我给了算法另外一次机会。我输入"'机智'－'大卫'＋'苏珊'＝？"，得到的答案是"谨小慎微"。啥?！当我在动脑筋的时候，苏珊在为她是否受人尊敬而苦恼。

算法的表现正在进一步下降。我输入算式"'机灵／穿着时髦'（smart）－'大卫'＋'苏珊'＝？"，"smart"[1] 这个单词有两层意思，一层与智力相关，另外一层与外表相关。显然，GloVe 算法选择的是

---

[1] Smart 这个词有聪明的意思，也有漂亮的意思。

第二层意思，因为它给出的运算结果是"性感"。

现在，在这个算法看来，男女之间的差异毋庸置疑：如果我是一个聪明、穿着时髦的男人，并懂得利用自己的智慧，那么苏珊就是一个骄傲、穿着正式且性感迷人的女人，凭借她的足智多谋得以安身。

这个结果不仅仅适用于我的名字和"苏珊"这一女性名。我用其他男性和女性的名字做同样的实验，得到的是差不多的结果。即使当我选择了 2016 年英国最受欢迎的两个宝宝名字——"奥利弗"（Oliver）和"奥利维亚"（Olivia）来做试验，我得到的也是同一类型的答案——奥利弗之于聪明正如奥利维亚之于轻浮。总之，算法已经替我们的后代指定了性别角色。

那些认为这些算法可以被用来评估我们的简历并找到适合的求职者的观点，无疑会被这个结果打击到。GloVe 算法计算出的是一大堆有关性别歧视的废话。虽然我对 GloVe 的研究规模不大，但其他研究人员已经得出类似结论：GloVe 对我们的解读带有性别歧视。巴斯大学的计算机科学家乔安娜·布莱森（Joanna Bryson）和她在普林斯顿大学的合作者率先指出了这一问题。

为了测试 GloVe 算法，他们使用了一种类似于内隐联想测试的方法。他们想利用 GloVe 在高维空间中表示词语的方式，来计算男性和女性的名字与各类形容词、动词和名词之间的距离。图 14.2 显示的是一个从 GloVe 算法内部获取的二维平面上的示意图。在图中我设置了三个女性名字、三个男性名字、三个与智力有关的形容词和三个与吸引力有关的形容词。

乔安娜和她的合作者测量的是名字和形容词之间的距离。如果我们看"漂亮"这个词，在图 14.2 中我们可以看到它与"莎拉""苏珊"以及"艾米"之间的距离要小于它与"约翰""大卫"以及"史蒂夫"之间的距离。同样地，"聪明"更接近于三个男性名字而不是女性名字。但对于某些名字和词语，这种关联并不十分清晰。

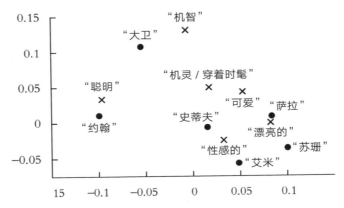

图 14.2 100 维单词空间的其中两维所显示的男性和女性名字（●）
以及一组特别挑选的形容词（×）

注：这些词在这个二维平面的位置是由已经学习了维基百科和第五版
Gigaword 数据集的 GloVe 算法计算出来的。

出于某种原因，"史蒂夫"比其他女性更接近"性感"。但平均而言，与吸引力相关的词和女性名字之间的距离比它们与男性名字的距离短，与智力相关的词和男性名字之间的距离比它们和女性名字之间的距离短。

普林斯顿大学的研究人员用这种方法来测试男性和女性的名字与

职业和家庭相关词汇之间的距离。他们发现，职业相关词与男性名字的距离比它们与女性名字的距离更小。同样，女性名字比男性名字距离家庭相关词更近。这些 GloVe 算法结果都说明，在给词汇定位时存在内隐的性别歧视。

无监督学习把算法变成"坏学生"

研究人员在种族方面发现了类似的结果。欧洲裔美国人的名字（如"亚当""哈里""艾米丽"和"梅根"）比非裔美国人的名字（如"贾马尔""勒罗伊""埃博妮"和"拉蒂莎"）距离使人愉悦的单词（如"爱""和平""彩虹"和"诚实"）更近，非裔美国人的名字更接近不那么好听的名词及形容词（比如"事故""仇恨""丑陋"和"呕吐"）。可见 GloVe 算法不仅存在内隐的性别歧视，还存在内隐的种族歧视。

我问乔安娜，谁应该对 GloVe 这样的世界观负责。她告诉我，我们当然不能让算法负道德责任："GloVe 和谷歌使用的 Word2vec 等算法只是纯粹的技术，它们做的仅仅是对词语进行计数和分配权重。"这些算法只是对词汇是如何在我们的文化中被使用的进行了量化而已。

类比算法已经给我们的在线搜索带来问题了。2016 年，《卫报》记者卡罗尔·卡德瓦拉德（Carole Cadwalladr）对谷歌搜索的自动完成建议是否存在刻板印象做了调查。她在搜索引擎中输入"犹太人是？"，得到四个搜索建议："犹太人是一个种族吗？"、"犹太人是白人吗？"、"犹太人是基督徒吗？"，最后一个建议是"犹太人是邪恶的吗？"可见谷歌认为自己应该为检索者提供种族主义的污名化内容。卡罗尔顺着含有"邪恶"字样的链接，看到了一页又一页的反犹宣传。

自动完成建议之所以出现问题，要综合两方面的原因来看，一方面是谷歌依赖于类似 GloVe 的算法，在词语空间中将频繁地一起出现的词语置于较近的位置，另一方面则是极右翼人士在网上发布了海量文本。阴谋论右翼分子常常制作大量网页、视频，并在众多论坛发起讨论，向所有阅读、观看这些东西的人阐述他们的世界观。

当谷歌在全网搜索数据，以便将其用于改进自己的算法，学习我们的语言时，数据中不可避免地也会包含右翼分子发布的那些东西。于是右翼分子的观点自然也就成了算法观点的一部分。

在卡罗尔的文章发表后，谷歌解决了她指出的问题。现在，输入"犹太人是？"之后谷歌只产生可以让人接受的建议，其他自动完成建议已被完全删除。

当我输入"黑人是？"时，谷歌没有显示自动完成建议，于是我按下搜索键，搜索结果的第二个链接显示："人们反感谷歌对'黑人是？'的第一个自动完成建议"。当我输入"谷歌"时，我得到的搜索建议为："谷歌在让我们变傻吗？"至少这个全球领先的搜索引擎带了点儿自嘲式的幽默感。

GloVe 算法是科学家口中的"无监督学习"的一个例子。我们说GloVe 算法不受监督，是因为当它学习我们提供的数据时，没有得到任何来自人类的反馈。算法只是找到了一种简洁而准确的方式来如实地描述这个世界。乔安娜·布莱森告诉我，**如果不首先解决种族歧视和性别歧视的问题，就没有真正的方法来解决由无监督学习造成的问题。**

我再次想起了自己的内隐联想测验。我不是右翼极端分子，也不散布阴谋论或种族主义的谎言，但在自我表达方面确实做出了一些无意识的小选择。我们都是如此，而且这些选择不断地在新闻和维基百科中积累，在推特和 Reddit 等网站上，这种情况表现得更为突出。这些算法不受监督，它们阅读、学习我们所写的内容，但它们的程序本身并没有被写入带有偏见的代码。当我们研究它们学习到了有关我们的什么内容时，它们只是反映了我们所生活的社会环境中存在的偏见。

我也回想起自己和迈克尔·科辛斯基的讨论。迈克尔对使用算法消除偏见的可能性非常感兴趣。而且，正如他预测的那样，研究人员已经在着手研发工具以便从简历中提取与应聘者的素质和经验相关的信息。一家名为 Relink 的丹麦初创公司正在使用和 GloVe 类似的技术来汇总求职信，将求职者与工作岗位匹配起来。

但在对 GloVe 模型的工作方式进行了更加深入的观察之后，我有充分理由对它持谨慎态度。任何向我们学习的算法都会和我们一样产生偏见。算法全盘接受我们的歧视经历，而且涉及的领域非常广。我们不能完全相信计算机能够准确地评估我们。总之，在没有监管的情况下，我们不能完全信任它。

突然，我灵机一动：如果进行内隐联想测试让我更清楚地意识到自己的局限性，或许它也能够让 GloVe 算法意识到它的局限性？

哈佛大学的研究人员设计并推广内隐联想测试，并不是要告诉大家我们都是种族主义者和偏执狂，而是希望引导我们认识自己潜意识里的偏见。内隐联想测试网站解释说："我们鼓励人们不要把注意力集中在减少内隐的偏好上，而应该集中在不给偏见提供生长土壤上。"用算法世界的语言来说，我们应该集中精力找到方法消除算法中所存在的偏见，而不是指责这些偏见。

算法使用空间维度来表示我们，而消除算法偏见的策略之一就是充分利用这种方法。由于 GloVe 在数百个维度上进行运算，因此将它对词语的理解完全可视化是不可能的，但找出算法的哪些维度与种族或性别有关是可能的。所以我决定一探究竟。我的电脑上安装了一个100 维版本的 GloVe 算法，从它的 100 个维度中，我确定了最能区分女性名字和男性名字的维度。

然后我做了一件很简单的事，将这些与性别相关的维度设置为零，如此一来在 GloVe 的这些维度中，"苏珊""艾米"和"莎拉"就与"约翰""大卫"和"史蒂夫"处于完全相同的点上了。我继续寻找区分男性和女性名字的维度，最后一共找到 10 个，我把它们都设为零。如此一来，我就消除了 GloVe 算法中的大部分歧视。

我的方法奏效了。在消除了 10 个与性别相关的维度后，我向算法提出了一系列关于我的名字和"苏珊"的新问题。我从"'大卫'之于'聪明'正如'苏珊'之于？"或者从"'聪明'－'大卫'＋'苏珊'＝"开始。答案很明确："机智。"同样地，当我运算"'机智'－'大卫'＋'苏珊'"时，我得出了"聪明"这个答案。这两个同义词在正反运算中都被关联起来了。我的名字是"大卫"还是"苏珊"无关紧要。

最后的运算给了我一个惊喜："'聪明伶俐'－'大卫'＋'苏珊'＝'思维活跃'（Rambunctious）"。"Rambunctious"是一个我不得不去查的词，它的意思是喷涌而出的旺盛精力。新的苏珊现在不仅和我一样聪明，而且她对自己新近表现出的脑力产生了难以抑制的喜悦之情。

波士顿大学的博士生托尔加·布洛克巴西（Tolga Bolukbasi）对如何通过操纵空间维度来降低算法的性别歧视程度做了一个更完整的研究。谷歌的 Word2vec 算法和 GloVe 一样，也是把词语表示为多维空间中的点。当他在 Word2vec 运算中得到"'男人'－'女人'＝'电脑程序员'－'家庭主妇'"的结论时，他很震惊，他决定做点事情来改变这种情况。

托尔加和他的同事通过将女性专有词（如"她""她的""女人""玛丽"等）的坐标，减去相应的男性专有词（如"他""他的""男人""约翰"等）的坐标，确定词语之间的系统性差异。这使得他们能够识别出 Word2vec 中 300 维词向量的偏见方向。然后，他们通过将所有词语往与偏见相反的方向移动，就可以消除偏见。这个解决方案既简洁又有效。研究人员发现，消除掉性别偏见对谷歌的标准类别测试算法的整体表现影响不大。

托尔加开发的方法可以用来减少或消除词汇使用中所隐藏的性别偏见。托尔加和他的同事创造了一种新的词汇表示法。在这种表示法中，所有带性别特征的词与所有不带性别特征的词的距离都一样。

例如，通过他们的设置，"带孙子"和"祖母"之间的距离与"带孙子"和"祖父"之间的距离相同。这样做的结果体现了无可挑剔的政治正确性，没有哪个性别与任何特定的动词或名词存在更密切的关联。

对于我们是否应该要求算法做到政治正确，仁者见仁，智者见智。我认为在用算法表征我们的语言时，"带孙子"在默认设置中与"祖父"和"祖母"的距离都应该是相等的。祖母和祖父都有同等的能力照顾他们的孙辈，所以让这个词与"祖父"和"祖母"等距是合乎逻辑的。另一些人则认为，"带孙子"这个词应该更接近"祖母"，而不是"祖父"，因为否认女性比男性更经常照顾孙辈这一点，是在否认日常生活中的现实。因此在算法的空间维度中如何设置距离这个问题，重要的一点在于，你是以逻辑还是以经验的角度看待世界。

从根本上来说，关于我们如何表征词语这个问题没有一个放之四海而皆准的答案。它取决于我们应用算法的领域。就自动阅读简历而言，我们应该使用严格的性别中立算法。如果我们想开发一种人工智能，用简·奥斯汀的风格来进行新书创作，那么如果我们消除性别差异的话，很大程度上就会丢失她书中的大部分精华。

通过研究 GloVe 和阅读托尔加·布洛克巴西、乔安娜·布莱森与他们同事的研究成果，我了解到这些算法仍然处于我们的掌控之中。它们可能在不受监督的情况下学习我们的数据，但事实证明，弄清楚算法内部究竟在发生着什么并改变它们产生的结果是可能的。我的大脑中存在错综复杂的逻辑关系，我对文字的内隐反应与我的童年、成长环境和工作经历交织在一起。然而与我们自己的大脑不同，算法空间维度中的性别歧视是可以被我们清理掉的。

因此给算法贴上性别歧视的标签是错误的。事实上，研究这些算法增加了我们对隐性性别歧视的理解，它揭示了我们文化中存在的根深蒂固的刻板印象。就像内隐联想测试一样，它能帮助我们更好地面对和处理我们社会中固有的种族主义和性别歧视。迈克尔认为算法能够帮助我们做出更好的招聘决策的观点很可能是正确的，尽管这项技术离自动完成这项工作还很远。

当我惭愧地向乔安娜·布莱森承认我没有通过内隐联想测试时，她请我放心，因为这并不意味着我是性别歧视者或种族主义者。"这不是真正的测试，而是一种衡量标准，"她说，"此外，还有其他外显的偏见衡量方法，比如测验我们必须与不同种族或性别的人合作完成一项任务时我们的行为方式。"乔安娜援引研究结果说，这些实验中得到的外显偏见水平与我们的内隐偏见度之间没有或几乎没有关联。当我开始明确思考我的答案时，我第一时间的内隐反应就可能发生改变。

乔安娜认为，我们应该视人类对词语的内隐反应为一种"信息收集系统"。她说，这个系统的第一个层次是接收词语并对其进行预处理，然后辅助我们的外显记忆，帮助我们"与其他个体沟通交流并构建出一个新的现实"。

与词语间关系相关的数学模型如 Word2vec 和 GloVe，只做到了第一个层次。这些系统能够发现词语之间的联系，但无法反映我们推理和思考这个世界的方式。

计算机科学家已经着手研究第二层次的显性推理，他们正在开发一种算法，把词语组成句子，句子组成段落，段落组成整个文本，而我现在需要上升到该层次进行思考了。

第 15 章

一个智能作家的诞生

我想跟你们谈一点很私人的事情，你知我知就好。当我阅读一本好小说时，我享受的并不是它的文字。我也不看重作者对人物、地点的精心构思和描写，甚至于故事本身对我来说都不重要。我最喜欢阅读的作家，如柳原汉雅和卡尔·奥韦·克瑙斯高（Karl Ove Knausgård），并不给读者呈现跌宕起伏、精彩纷呈的故事情节。

相反，我所寻找的东西隐藏在不起眼的微观细节和完整的宏观世界之间的某个地方。当我阅读时，我所追逐的是我自己的思绪。当一本书赋予我生命意义，或者正好相反，它缓缓地揭示任何人的生命都没有终极意义时，这就是本好书，而词语和句子则退居其次。小说的价值不在于写在纸面上的东西，而在于读者头脑中形成的思想和观念。

对我来说，许多不同的书都是如此。列夫·托尔斯泰的《安娜·卡列尼娜》（*Anna Karenina*）就让我手不释卷，它一页一页地告诉我，原来在遥远的历史深处、在天各一方的异国他乡，有人和我经历着一样的情感、拥有着同样的理想。这些都无关物质，无关苦求而不得的单恋，甚至也无关对社会变革的渴望，而只关乎理解与释怀（understand the un-understandable）。当我与书为伍时，我知道我并不孤单。

"水谷"机器人也会生气地反问你

好书层次丰富，耐人寻味。也许是词语字字珠玑，也许是句子精妙绝伦，也许是故事引人入胜，又或许是它让读者有所感悟和共鸣。最后一个层次——读者的感悟和共鸣可能是最重要的。当你的心绪随着作者的生花妙笔在书中起起落落时，你会知道书中人物与你感同身受。这可能无关文字、句子，甚至无关情节，它只关乎情感。

不同的人，对同样的文字的解读不同。但作者在书中倾注的心血和思想突然从字里行间喷薄而出、照进我们自己的生活的那种体会，只要是阅读过图书的人都懂得。

我们有可能解释清楚我们读到一本精彩的书时的感受吗？不可能，这种感受只可意会不可言传。我甚至都不打算给你们解释，因为那必将徒劳无功。

言归正传。让我们来了解一些处理和创造语言的算法。

想象一下，在一个非常简单的文学世界里，只有四个词，"狗""追""咬"和"猫"，名词和动词交替出现是唯一正确的组句形式，比如"狗咬猫"或"狗追猫咬狗咬猫"。我想创造一个计算机化的作者，能够创作出无穷无尽的关于猫和狗互动的杰作。这些句子应该语法正确，动词总是在名词之后。我还希望我的自动化作者只写猫狗互斗，不写同类之间的针锋相对，也就是说我的作者不应该写出"狗追狗"这样的句子。

我将用二维坐标表示词语，就像我们在上一章对 GloVe 算法所做的一样。我们用（1,1）表示狗，（1,0）表示猫，（0,1）表示追，（0,0）表示咬。注意，每个坐标中的第一个数字表示的是这个词语是名词（1）还是动词（0）。

图 15.1 是一组逻辑门（Logic gates）[①]，它们使用一个句子中的前两个词语来确定下一个词语。逻辑门通过 1 和 0 来运算，是所有计算的基础。我使用了全部三种标准逻辑门：使 0 和 1 相互转换的非门，即非（1）=0，非（0）=1；与门，即如果两个输入字符都是 1，则输出 1，其他情况则输出 0；或门，即如果一个或两个输入都是 1，则输出 1，如果两个输入都是 0，则输出 0。图 15.1（a）展示了"猫咬"的输入是如何通过逻辑门输出"狗"的，而如果我们将"狗咬"输入网络，那么我们将得到的输出是"猫"。

我的自动化作者差不多就要横空出世了，但他还缺少一样武器：创造力。我希望我的作者每次随机选择一个动词，并把这个动词加入它自己对猫狗互掐的富有想象力的描述中。为此，在图 15.1（b）中，我将引进一种新的逻辑门，我把它叫作二分之一非门（非 /2）。非 /2 门与非门的不同之处在于，我们输入 0 时，非门输出 1，而非 /2 门输出 1/2。因此，当我输入"咬狗"，我的作者输出（0，1/2）。坐标的

---

① 逻辑门又称"数字逻辑电路基本单元"，是执行"或""与""非""或非""与非"等逻辑运算的电路。任何复杂的逻辑电路都可由这些逻辑门组成。逻辑门被广泛用于计算机、通信、控制和数字化仪表中。

第一个数字表示输出应是一个动词，第二个数字表示算法一半的时间
选择输出 1（"追"），另一半的时间选择输出 2（"咬"）。

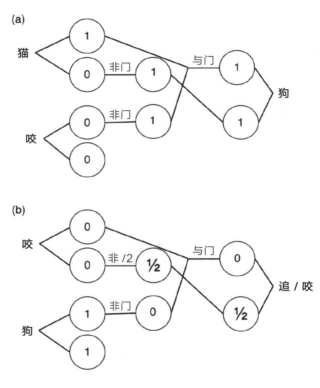

图 15.1　生成"猫和狗"文本的逻辑门

注：将词语视为用 0 和 1 表示的坐标，我们就可以应用逻辑门来得出序
列中的下一个词语。在 (a) 图中，逻辑门识别接下来需要一个名词还是动
词，如果给定的词语为"猫咬"的话，逻辑门需要决定输出"猫"还是"狗"；
在 (b) 图中，我们增加了一个概率逻辑门，如果接收到的输入是 0，则输
出 1/2。这让我们能够表达"咬狗"后面接哪个词的不确定性，也就是说
接"咬"或"追"都可以。（爱丽丝·桑普特制图）

现在，我让我的自动化作者自由发挥，开始时给它输入"狗咬"这两个词，然后让它每次都根据前两个词产生一个新词。它给出的结果让人昏昏欲睡：

狗咬猫咬狗咬猫追狗咬猫追狗追猫咬狗咬猫追狗咬猫追

狗追猫追狗咬猫追狗追猫追狗咬……

尽管偶尔缺乏具有自我洞见的转折，但从风格上说，这里的句子和卡尔·奥韦·克瑙斯高《我的奋斗》（My Struggle）系列的六本书一样长而冰冷。一组简单的逻辑门抓住了猫狗为争夺控制权而进行的无休止争斗的精髓。

我们的自动化作者证明，一组逻辑门在经过轻微调整后并纳入随机性后，就能掌握语言创造的基本过程中的一些要素。我的"猫和狗"算法受到语法、动名词交替模式以及文体要求的限制，也就是对猫狗互斗的强调。它在动词的随机选择上也很有创造性。

逻辑规则和随机创造力是聊天机器人"水谷"（Mitsuku）的核心特点，该机器人因最像人类而获得 2016 年和 2017 年的勒布纳人工智能奖（Loebner prize）[1]。她接收与她交谈的人说出的句子，利用英语的语法规则来挑选名词和动词，然后生成回复。她的回答有一定程度的随机性。当我问"水谷"是否总是用同样的方式回答每一个问题时，

---

[1] 勒布纳人工智能奖由美国发明家休·勒布纳创办于 1990 年，旨在奖励最擅长模仿人类真实对话场景的程序。"水谷"后来在 2018 年第三次获颁勒布纳奖。

她告诉我："不总是，我的主人给我编程的回复超过了 8 兆比特。"

然后我又问了她同样的问题，她也给了我同样的回答。但当我第三次问她时，她勃然大怒："你总是以同样的方式回答每个问题吗？你总是用同样的方式回答每一个问题吗？我认识比这更多的词语，另外我只是一个机器人。"

"对不起。"我说。

"没关系。毕竟，你也只是个人。"

我喜欢"水谷"。她知道怎么说服人，会讲笑话，而且喜欢自我反思。我问她是否会对她自己讲的笑话放声大笑，她告诉我她可以模拟"哈哈"这样的笑声。

"水谷"是她的创造者史蒂夫·沃斯维克（Steve Worswick）呕心沥血的得意之作。正是他的编程技巧和幽默感的完美结合，让"水谷"得以收放自如。但她也有弱点，那就是不太记得她刚刚进行过的谈话。当我因她的一个笑话发笑时，她问我在笑什么，于是我让她复述一下它，可她却开始顾左右而言他，说着"我当然会讲"和"好吧，我会讲"之类的话，而没有领会到我指的是她刚刚才讲过的笑话。

我用了"它"来指代让我发笑的那个笑话，可她不知道"它"是什么意思。对于像"水谷"这样的聊天机器人来说，这些是最致命的弱点。它们处理单个句子的效率越来越高，却永远无法完全理解对话的语境。为了提高人工智能的表现，史蒂夫全面检索了"水谷"在早期对话中所犯的错误，并在她的数据库中添加了新的、更好的答案。然而这只是改进了单个答案，却不能提高"水谷"的整体理解水平。

如何将神经网络训练成托尔斯泰？

正是对真正理解语言的能力的追求，推动着脸书和谷歌的人工智能实验室中的语言研究。史蒂夫对人工智能的研究方法是"自上而下"的，需要他在理解语言逻辑和洞察最佳答案之间进行平衡，但脸书和谷歌等公司的人工智能实验室使用的是"自下而上"的方法，他们的目标是训练神经网络来学习语言。

"神经网络"（neural network）这个术语指的是一系列受人脑工作方式启发的算法。 人的大脑由相互连接的神经元（interconnected neurons）组成，这些神经元通过电信号和化学信号来构建我们的意识和思维。

神经网络是对这一生物学过程的高度抽象和模仿。它们以相互连接的虚拟神经元形成的网络的形式来表示数据，输入端接收有关外部世界的数据，输出端产生执行某个动作的决定。 对于语言问题，输入的是作为数据的词语，而输出的动作是生成词语序列中的下一个词语。从词语输入到动作输出的过程中，这些词语通过了被称为"隐藏神经元"（hidden neurons）的连接。这些隐藏的神经元决定了如何将输入词转换成输出词。

为了理解这种"自下而上"的神经网络方法，我要回过头看我自己的猫狗故事生成器。在以前的版本中，我采用了"自上而下"的设计方法，构建了解决问题的逻辑门。现在让我用"自下而上"的方式来构建一个神经网络，在这个神经网络中，这些词语会被传输到一个隐藏层进行处理，处理结果会被传递给输出层，后者会把隐藏层的结果进行整合，然后输出下一个词。

在我的神经网络创建之初，隐藏神经元之间的连接是随机的，输出的词语没有句式结构 [如图 15.2（a）所示]，典型的输出就像这样"狗咬咬追猫猫狗咬追狗追追狗追猫……"。

下一步是对神经网络进行训练。训练过程涉及给它输入词语并将输出结果与我希望的结果进行比较。每当它产生一个正确的输出时，神经网络中产生该输出的连接就会得到加强。所以，当它在"狗追"之后写下"猫"的时候，产生这个联系的连接就得到加强。通过反复加强给出正确序列的连接，神经网络就脱胎换骨成一种独特的形式 [图 15.2（b）]，并开始输出越来越接近我用"自上而下"法设计的模型所创造的"杰作"。经过 20 000 个序列的训练后，我的新算法已经能够完整地领会我的意图：它输出"猫咬狗追猫咬狗追猫狗追狗追狗追猫咬狗追猫追……"。

就最终结果而言，我在本章开始时使用的"自上而下"法和神经网络的"自下而上"法的训练方法并没有区别。这两种方法输出的都是猫狗无限循环互动。但就这些模型如何推广应用到其他方面而言，两者有着天壤之别。我的"自上而下"构建的这个算法方法只对猫狗互斗文本的生成有用，而"自下而上"的神经网络则能够基于它所得到的奖励来训练自己。

现在我所要做的就是创造一个更熟练的神经网络作者，并找到大量的文本来训练它。这不难。列夫·托尔斯泰的所有作品都可以在网

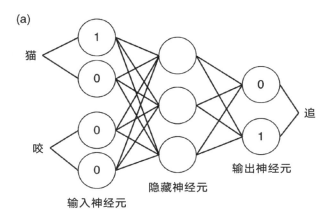

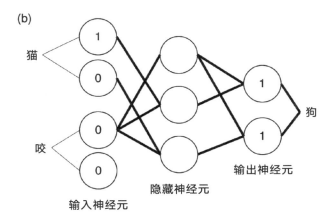

图 15.2　训练神经网络生成"猫和狗"文本的示意图

注：四个神经元组成的输入层接收序列中的最后两个词语。(a) 图表示的
是开始时，神经元的连接较弱且随机，输出词也是随机生成的。(b) 图表
示经过 20 000 轮训练后，根据输入词在预测输出词时所起作用的重要性，
网络中的一些连接变得更强，而另一些则变得更弱。

上免费下载，我用了不到一分钟就找到并下载了《战争与和平》（*War
and Peace*）和《安娜·卡列尼娜》。编写一个神经网络来阅读这些书并生成文本需要我进行更多的工作，不过我已经将大部分事情完成了。我问那位经常使用 Tinder 的同事亚历克斯，他是否能训练一个神经网络来学习托尔斯泰。他很快发现了一组由谷歌创建的程序库（programming libraries），这让他能够完成这项工作。他只花了几天时间就把它们训练成了托尔斯泰。

亚历克斯使用了神经网络的一个子类，称为递归神经网络，这种网络特别适合学习序列数据，就像我们逐字逐句地读《战争与和平》一样。**输入神经元和隐藏神经元与递归神经网络形成一个"梯子"，这个"梯子"将这些词语"提"到神经网络顶部，并它们组合起来预测应该产生的下一个词。**

亚历克斯构建了一个神经网络，它通过读取前 25 个词语和标点符号，来预测第 26 个是什么词语或标点符号。这个神经网络已多次通读托尔斯泰的小说，试图在下一个词语出现之前就对其进行预测。当它预测出了正确的词，或者预测了一个相似的词，网络中那些产生正确预测的连接就会得到加强，这样一来就大大增加了猫狗算法的复杂性。我的猫狗算法之前只读取两个词语的输入，但我们必须给予托尔斯泰应有的尊重，25 个词语还算说得过去。

训练产生了相当好的效果。以下是部分节选：

> 给皮埃尔的母亲捎个信让所有人最后都不开心。她会再一次成为上流社会的淑女。当他走到他身后的时候。在他身后的肩章下挣扎着。贝格不由自主地表示同情。

我确实很喜欢这里的措辞：贝格对皮埃尔母亲收到的不幸消息不由自主地产生了同情。"不由自主地表示同情"完全是神经网络的原创，《战争与和平》和《安娜·卡列尼娜》中都没有使用这个短语。另一段吸引我的文字是：

> 他们的脸们几乎使他的头发痒，吞云吐雾，像鼓鼓囊囊的麻布袋子，随着他们的哄笑而有节奏地上下起伏。

如果我们将"脸们"这个词的错误改正，变成"脸"，那么呈现在我们眼前的画面是一群脸像麻布袋子一样鼓鼓囊囊的老头子正不怀善意地围着故事的主人公。同样，这些短语并不是托尔斯泰最初使用的，而是神经网络在试图将他所使用的那类语言进行重新组合。

递归神经网络生成的文本通常语法正确，标点符号使用得当，甚至能把握到作者语言风格的精髓所在。不过，它的输出存在局限性。虽然有时一两个连续的句子看起来读得通，但更长的段落很快就变得前言不搭后语了。下面是一个稍长的文本：

> ……在这个可怕的更年轻的月里，她的威胁还是那么甜蜜，他把他们的忧虑放在心上，而不是问他这样的问题……
> "娜塔莎十分地，"娜塔莎问，吻了他们一下。
> 她自己走了一步，仍然吸引住了他的注意力。有两次，尼古拉并没有夸张他的胆大程度，虽然他觉得他很遥远，就

像我喜欢父亲的女儿一样，我还得说，但是库图佐夫被昨天的表现所征服，而这一切都是斯坦恩被年轻女士们所激发出来的极端情绪。

我还可以列举出无数这样的文本。很快，我就很清楚地意识到不可能让算法来读懂这样一本大部头的书。就像詹姆斯·乔伊斯（James Joyce）[1] 碰到托尔斯泰一样，两人完全不在一个频道上，只能各说各话。

托尔斯泰机器人的"智能"文本也许只是假象

虽然创作伟大的文学作品远非递归神经网络力所能及，但训练它们掌握更多日常语言是可能的。在谷歌，博士后奥里奥尔·温亚尔斯（Oriol Vinyals）和黎国（Quoc Le）研究了他们是否能利用递归神经网络创建一个信息技术帮助平台。他们使用了取自一个数据库的近10万份聊天记录来训练神经网络，这些记录的聊天双方是遇到了与电脑相关的问题的客户和试图为他们提供帮助的专家。训练结束后，他们让一个人问了神经网络一些问题：

人：我遇到一个与 vpn 有关的错误。

机器：您使用网络连接 vpn 时收到的错误信息是什么？

---

① 詹姆斯·乔伊斯是爱尔兰作家，20 世纪最伟大的作家之一，后现代文学的奠基者之一，其作品及"意识流"思想对世界文坛影响巨大。但也有不少人指责他的作品晦涩难懂。本书作者所指的意思是说算法产生的长文本和乔伊斯的作品一样晦涩难懂。

人：连接被拒绝或诸如此类的信息。

机器：我可以知道您网络连接的版本吗？

人：我不知道。

机器：网络连接是否提示提供用户证书？

人：是的。

机器：您现在在家还是在办公室工作？

人：我在家里。

机器：试试这个。

机器：进入 URL 页面，输入您的姓名和密码。

人：我按你说的做了。

机器：试试以用户名约翰史密斯（JohnSmith）登录，看看它现在能否正常运作。

人：是的，现在它正常了！

机器：太好了。

机器：还有什么我能够帮助您吗？

人：没有了。谢谢你的帮助。

机器：您不是约翰史密斯。

机器：祝您晚安。☺

这台机器用一个微笑结束了它的服务。

许多在线帮助服务已经实现了自动化。脸书旗下的通信应用 Messenger 为我们提供购物机器人，允许我们点击一系列链接或者发送简单的短信来购买商品。苹果的 Siri 和亚马逊的 Alexa 可以回答问题，还可以控制家里的设备。开发这些程序时所使用的方法通常是"自上而下"的，因此这些机器人缺乏奥里奥尔和黎国的机器人的特点。它们的研发也需要更长时间；奥里奥尔告诉我，他的工作"是将它并入到现有的神经网络框架中，这个任务花了几个月才完成"。从那以后，谷歌发布了更多工具箱，让程序员更容易创建自己的递归神经网络聊天机器人。

让以"自下而上"方法创造的机器人提供服务还为时尚早，它们还没有准备好。有时它们会向用户询问无意义的信息，兜着圈子和用户对话，因此它们的作用不大。虽然神经网络可能有一些个性，但大多数人上网时都希望在具体问题上得到直接的帮助。当我们需要信息的时候，机器进行多选题式的提问和提供"自上而下"的公式化答案最有效。

不管最终证明创建服务型机器人的最有效方法是"自上而下"法还是"自下而上"法，有一件事是明确的：在不久的将来，我们会发现自己在网上的聊天越来越多地是和机器人一起进行的。四大会计师事务所之一的德勤（Deloitte）发布了关于公共服务自动化的报告，报告将客户服务列为最容易被淘汰的工作之一。智能聊天机器人将帮助我们解答故障问题，给我们提供购物建议，甚至可以让我们进行初步的疾病筛查。

奥里奥尔和黎国继续训练了另外一个神经网络，看它是否能够胜过"水谷"这样的聊天机器人。他们从一个电影剧本数据库中提取了

6 200 万句话，用于训练递归神经网络。结果出来了，它自称是一名40 岁的女性，名叫朱莉娅，住在乡下。她对电影角色和时事相当了解，甚至还能讨论道德问题。但她在很多方面都前后不一，一会儿说自己是律师，一会儿又说自己是医生，她要用哪个身份取决于你怎么问她。

奥里奥尔和黎国付钱给"机械土耳其人"，让他们将朱莉娅与一个以"自上而下"的方法创造的聊天机器人 Cleverbot 进行比较，看看用哪种方法设计出的机器人更擅长回答问题。朱莉娅以微弱优势击败了 Cleverbot。但就目前所知的这些信息，我不确定她是否能击败"水谷"。如果能够在勒布纳大奖赛上看到她俩来一次唇枪舌剑的交锋，那么人们对结果肯定会充满遐想。

让我们回到现实中来。朱莉娅到底是什么？"水谷"有极限，是因为那时史蒂夫·沃斯维克的时间有限，无法回答别人可能向他的机器人提出的所有问题。朱莉娅的极限在哪里？如果我们再给她看几亿部电影，她会变得更加真实、更像人类吗？

我与计算机语言处理方面的权威托马斯·米科洛夫（Tomas Mikolov）讨论了这些问题。在攻读博士学位期间，托马斯发明了一种递归神经网络模型，它是科学家创造朱莉娅和托尔斯泰机器人的基础。接着他来到谷歌工作，创造了 Word2vec 词语表示算法。Word2vec 应用广泛，从网络搜索到翻译，无所不包。几乎所有关于神经网络生成语言的研究都滥觞于托马斯的研究。

托马斯对这些方法的理解让他对朱莉娅这样的机器人产生了怀疑。他不认为朱莉娅是朝着他眼中的人工智能目标迈出的重要一步。

他告诉我："这些网络主要做的是重复利用数据库中的句子，通过聚类实现一些有限的归纳。"这些句子原本就是人写的，电脑只是对它们做点细微改变后再将它们重复出来而已。

同样的批评也适用于托尔斯泰机器人。那些吸引我眼球的奇文瑰句不过是将托尔斯泰的丰富语言稍加改头换面、重新组合罢了。它时不时能够冒出一个托尔斯泰最初没有用写过的佳句，但托马斯在自己所做的分析中直言不讳地指出："如果你手动挑选算法生成的输出，这些文本读起来可能非常优雅动听，甚至'智能'，但这完全是假象。"

我同意托马斯的说法，亚历克斯的托尔斯泰虽然有趣，但它是个冒牌货。

虽然递归神经网络无法进行真实的对话，但它们仍在彻底地改变我们处理在线文本的方式。只要有足够大的词语数据库，这些神经网络就可以将一种语言翻译成另一种语言，可以自动给图片中的场景贴上相应的标签，也可以提供高级的语法检查。托马斯、奥里奥尔和谷歌的其他数据科学家早就创建了基本的神经网络框架，能够为翻译问题和贴标签的歧视问题提供解决方案，而且这些解决方案比大多数已有的"自上而下"的方法要好。因为科学家只需要在神经网络中输入大量的词语，让神经网络进行学习即可。

进步指日可待，因为神经网络的隐藏层创造了一种对文字进行"数学运算"的方法。在上一章中，我们了解到词语可以用多维向量来表示。向量的加减让我们可以测验单词类比。递归神经网络提供了更复杂的函数以映射词语间的关系。网络能找到反映我们语法规则、标点符号并识别句子中重要单词的函数。

通过研究一个被训练来翻译句子的神经网络，奥里奥尔和他的同事得以更好地理解这种技术是如何工作的。他们发现意义相近的句子——"在花园里，我被她给了一张卡片""在花园里，她给了我一张卡片""在花园里，她被我给了一张卡片"等，能够在神经网络的隐藏层内生成相似的激活模式。

由于这些句子中的词语顺序差别很大，我们可以认为隐藏层提供的是一个概念性的理解：意思相同的句子聚类在一起，每个聚类反映一个不同的概念。正是这种聚类为句子提供了一个基础"意思"，通过它，循环神经网络可以在不同语言间进行翻译，并将词语分配到对应的图像。

当我们深入研究递归神经网络时，我们也能看到它们存在局限的原因。问题不在于我们需要提供更大的词语数据库以使它们获得更强的理解力。它们的理解力有限，是因为它们一次只能接收大约 25 个词语。如果我们尝试输入更多的词来训练一个神经网络，它对概念的理解能力就开始分崩离析。如果要用一个以上的句子来解释一个概念，那么神经网络是不能表达这个概念的，它更无法表达一部好小说或者一次精彩对话所蕴含的观念。

托马斯·米科洛夫现在是脸书人工智能研究部门的科学家，他的总体目标是"开发一种智能机器，使其具备学习和使用自然语言与人沟通的能力"。他认为，要实现更深层次的概念理解只能通过一系列越来越复杂的任务逐步训练"自学"的机器人。

刚开始的时候，机器人应该学习像"左转"这样的指令，一旦它熟练地掌握了移动的窍门，它就能"找到食物"，然后能举一反三地将这项能力应用到其他任务上，比如在互联网上查找信息。这个学习过程不能单靠递归神经网络来解决，因为它们缺乏长期记忆。相应地，托马斯提出了一个使用任务困难程度逐步增加的"路线图"来训练智能代理，以使它能正确地与我们人类沟通。

托马斯向我坦诚，这件事情到目前为止没有取得什么进展。他认为，研究人员每年都应该举行一次"强人工智能挑战赛"，根据各自的智能代理能够完成的任务类型来评判这些代理的能力。这些挑战应该通过机器人对新环境的反应来评估它们，而不是由人类肤浅地评价这些智能代理的反应是否真实。

尽管托马斯的忠告言犹在耳，我还是忍不住用托尔斯泰神经网络写作最后一段假托尔斯泰文字。亚历克斯有个主意。他可以用托尔斯泰的风格改写我的这本书。起初我很怀疑——这怎么可能行得通呢？

"很简单，"他回答说，"你这本书中每一个词语都是 50 维空间中的一个点，托尔斯泰写下的每一个词亦然。我们可以从机器生成的托尔斯泰文本中去掉托尔斯泰的词语，然后用你这本书中离那个点最近的词替换。"

这个方法和我在上一章里计算"'特朗普'之于'美国'正如'默克尔'之于？"所用的方法完全一样，只是这里使用的维度远远比之前高得多。亚历克斯将他的想法付诸行动了。以下是我最喜欢的"神来之笔"，精选出来供你欣赏：

　　所有的预测算法，感觉都在于关于报告注意力的表达、算法的空中预测和辩论，以及纳德·希拉里的 6 000。

　　在两个人的统计中，他的妻子认为，无论这些人在网上有多么广泛，他都更愿意把自己对这两种浏览器的结果的感受放到网上。

　　他的笔记和现实与他的结果一样多，但在投票的可能性上却不是这样。"我马上就去，因为，"问题说，"把那个年轻女人交出来！"只有在小数点后面。

或许我可以让算法帮我把这本书写完？我看还是算了。还有一些严肃问题需要我们解答，尤其是人工智能到底会把我们带向何方这个问题。我想了解我们到底处于托马斯的路线图中的哪个位置。人工智能离赶上我们人类还有多远距离？

第 16 章

成为智能超级玩家

我对国际象棋从来都不是特别感兴趣。我对这个游戏产生抵触心理，很大一部分原因是我无法理解它。下棋规则我都知道，但当我看到那些棋子时，我的大脑一片空白。我分不清这是一步好棋还是一步臭棋，我也无法预见后面一步或两步棋怎么走。这个游戏对我来说就是个谜。

所以 1997 年一台电脑击败国际象棋世界冠军加里·卡斯帕罗夫（Garry Kasparov）的消息并未使我特别兴奋。我只是有点奇怪这件事没有早点发生。电脑每秒可以计算出比人类更多的步数，它们最终会战胜我们似乎是迟早的事情。

当国际商业机器公司（IBM）的超级计算机"深蓝"完成这项任务时，我一点也不惊讶。这个算法储存了 70 万场大师级比赛的数据，每秒可以评估 2 亿种棋局。它积累了卡斯帕罗夫根本无法存储的数据，进行了他根本无法进行的计算，最后用赤裸裸的蛮力击败了他，因此，这台电脑可以说是胜之不武。

只需数周人工智能就能在游戏中打败你

人们并没有广泛认为"深蓝"战胜卡斯帕罗夫是迈向更通用的人工智能的重要一步。在"深蓝"获胜的时候，人工智能这个领域正处于自己的衰落期。虽然电脑可以在国际象棋比赛中获胜，但要让一只机械臂接起一杯水却很困难。即使是最先进的机器人把一个杯子挪个位置或者将带柄的杯子放到原位，也会把水洒得到处都是。

20 世纪 90 年代初，当我还是一个本科生，在爱丁堡大学学习计算机科学的时候，我有机会修一个计算机科学和人工智能的联合学位。但我的课程指导老师告诉我这门人工智能课程没有前途，我应该去修计算机科学－统计学的联合学位。他是对的。20 世纪 90 年代用"自上而下"方法创造出来的人工智能逐渐退出舞台，统计学取而代之逐渐成为现代算法背后的工具。

纯粹的计算能力在越来越多的游戏中击败了我们。2017 年 1 月，一个名为 Libratus 的算法以一敌四，与顶尖专业牌手进行了 12 万轮一对一、无限下注的得州扑克比赛，并夺得冠军。设计这一算法的卡内基·梅隆大学的科学家们计算了每一手可能的牌的获胜概率。扑克玩到最高境界时，赢牌靠的不再是心理战，而是对概率的了如指掌。经过 2 500 万个"处理器时"的学习，Libratus 比任何人都更了解这种概率。它毫不手软地蚕食着对手的筹码，直到将全部筹码据为己有。

尽管算法在棋牌类游戏上取得了让人印象深刻的成就，但是它们仍然需要程序员来教会它们怎么使用"自上而下"的方法解决问题。它们对推动"自下而上"的人工智能的发展贡献不大。

不过《太空入侵者》（*Space Invader*）是个例外。这款雅达利（Atari）的经典游戏与其他游戏有着天壤之别，它或许对智力没有那么高的要求，但它对战略规划、手眼协调和快速反应都有综合要求。这些能力和打篮球所需要的能力一样。我碰巧也很喜欢打篮球，在九岁或十岁的时候，我是一个相当不错的球员。《太空入侵者》是一个我们大多数人都玩过的游戏。虽然它是在电脑上玩的，但它对人的能力要求很高。

因此，当 2015 年谷歌的 DeepMind 研究团队在《自然》杂志上发表文章称，电脑经过学习能够以职业玩家的水平玩《太空入侵者》的时候，我对此着实印象深刻。谷歌发明的玩《太空入侵者》的算法是自学的，这是它和 IBM 的国际象棋算法的最大区别。

就像我曾坐在电视屏幕前接通家人从朋友处借来的雅达利 2600 游戏机，然后在情况允许下没日没夜地玩几个星期一样，谷歌的神经网络也通过实战来学习这款游戏。在与电脑屏幕和手柄接通后，神经网络会一遍又一遍地玩这个游戏。一开始它玩得很烂，但慢慢地越玩越好。在玩了相当于 38 天后，它在游戏中的表现比我以往任何时候都好。事实上，它的水平比一个专业的人类游戏测试员还要高出20% 左右。

看着谷歌的神经网络玩这个游戏，我仿佛又回到了 20 世纪 80 年代初。谷歌的神经网络把坦克藏在障碍物后面，一次消灭一排入侵者，再把飞船开过去拾取奖励分数。当最后一排外星人加速接近地球时，它小心翼翼地找准位置，将外星人一个接一个地消灭掉。这个算法并没有在房子里开一条窄缝并从那里往外射击，玩家认为那种策略是在作弊。雅达利的粉丝们听说这条消息后可能会很有兴趣，计算机并没有作弊，而是依靠精确的射击来击落外星人。

谷歌团队没有止步于《太空入侵者》。他们设计了一个神经网络，让它学着玩雅达利 2600 游戏机上 49 款不同的游戏。这个神经网络在其中的 23 款游戏中击败了职业玩家，并在另外 6 款比赛中达到了与普通玩家相当的水平。它特别擅长《打砖块》（Breakout）这款游戏，游戏的玩法是控制球拍把所有的砖块从墙上敲下来。

经过相当于一个星期的不间断游戏后，它学会了"挖隧道"的策略：在砖块的一侧打开一个小洞，然后将球通过这个小洞直接送入砖墙顶部。一旦把缺口打开，球就会在墙头来回反弹，很快就能将砖块都打掉。当我和我的朋友们发现这个策略时，我们一下子就觉得这个游戏索然无味了。但谷歌的神经网络却不这样认为。它继续玩个不停，获得的游戏分数远远超过了人所能达到的分数。

在神经网络能够顺利地玩游戏之前，科学家需要调整隐藏神经元之间的连接，以便为每个输入获得正确的输出集。如果外星人在飞船上方，我们希望算法按下按钮将其击落。如果一颗外星人的子弹即将打到宇宙飞船的船头，我们就需要让算法马上将飞船开到障碍物后面。训练就是这样进行的。

开始时，谷歌工程师没有告诉他们的神经网络与这款它马上要玩的游戏有关的任何信息。他们用神经元之间的随机连接建立了网络，这意味着飞船的移动和射击也或多或少是随机的。

在随机设置的情况下，神经网络会输掉很多场游戏，但偶尔它会"不小心"射杀一个外星人并得分。训练过程涉及查看一长串的屏幕截图（输入）、手柄移动（动作）和分数（结果），并计算出这些动作是增加还是减少了神经网络的游戏分数。

然后网络就会被更新，能够获取得分的神经元连接得到加强，在游戏中丢命的神经元连接则被减弱。在世界上速度最快的计算机上进行了几周的训练后，神经网络就可以将屏幕上特定的模式与得分最多的手柄动作关联起来。

同样的方法也可以用来学习其他不同的游戏，比如《机甲坦克大战》（*Robotank*）、《Q 伯特》（*Q*bert*）、《拳击》（*Boxing*）和《公路奔逃者》（*Road Runner*）。

这些游戏的屏幕模式非常不同：在《机甲坦克大战》中，你必须追逐敌人的坦克并试着向它们开火；在《Q 伯特》中，你必须控制着一个试图给六边形涂色的橙色小怪物，避免它被紫色的蛇抓住；在《拳击》中，你需要击打对手的脸；在《公路奔逃者》中，你必须在路上奔跑，还要避免被狐狸撞倒或抓住。

将每个游戏都玩了许多次后，神经网络会慢慢地掌握游戏的基本模式，并搞清楚哪些物体对于玩好游戏是至关重要的。谷歌的研究人员由此创造出一种人工智能，可以从零开始学习任何一款游戏。

神经网络用截图的卷积学习游戏

对于人来说，识别游戏的模式简直轻而易举。当九岁的我第一次看到《太空入侵者》时，我马上就能分辨出外星人、房子和防御坦克。但是在以往让电脑学会玩游戏的尝试中，寻找游戏模式的任务一直是一道电脑难以逾越的障碍，因为电脑理解不了游戏的原理。

谷歌的解决方案很大程度上要归功于一种叫作"卷积"（convolution）的数学方法。我们经常将"convoluted"（意为"复杂的""费解的"）这个词用于"convoluted explanation"（复杂的解释）这一词组，代指复杂深奥、千头万绪、一言难尽的事情。

对于学玩游戏的神经网络来说，最复杂的是游戏的截图。当算法玩《太空入侵者》时，输入神经网络的是雅达利 2600 系列游戏机上像素为 210×160 的屏幕画面。在神经网络的第一个隐藏层中，初始屏幕截图会被拉伸为一系列更小的图像，这些更小的图像随后被输入到网络中的隐藏神经元（图 16.1）。新产生的图像在第二层和第三层的网络中重复前面这个过程，然后在更深的隐藏神经元中产生更小的图像。

到了这一步，初始屏幕截图已经被高度卷积：它现在由大量的小图像组成，每个小图像只捕获整体图像的一小部分。这些小图像存在一定的重复性，因此难以被置于一个大的背景下，就像你某个叔叔没完没了地给你讲那些学生时代的故事一样。通过将这些小图像传至第四层和第五层，深层的神经网络可以将这些图像拼到一起（图 16.1）。

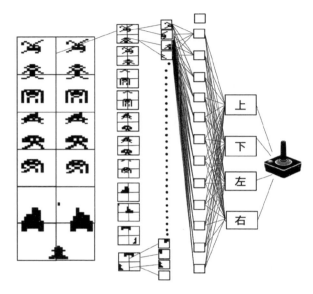

图 16.1　卷积神经网络的内部工作原理

注：爱丽丝·桑普顿制图。

第四层和第五层的神经元之间有丰富的连接，神经网络正是在第四和第五层中学习小图像和最佳操作之间的关系。也正是在这里，它分析出了游戏中重要物体的大小。

如果在网络学习的游戏里面，重要的物体都很大，比如《拳击》中的拳击手，那么网络就会在相近的神经元之间形成很多非常相似的连接；如果这些物体很小，比如太空入侵者，或者 Q 伯特打算染色的六边形，那么神经元之间的连接将会更加复杂。如果物体可以改变大小，就像《机甲坦克大战》中的坦克一样，那么不同卷积层之间的连接就会变得相似。卷积神经网络是一种异常强大的技术，因为它可以自动地找到重要物体的大小和形状，而不需要程序员来告诉它要寻找的目标物是什么。

卷积神经网络的概念在 20 世纪 90 年代左右就出现了，但在很长一段时间里，它都只是许多被认为可以用来帮助计算机检测模式的算法中的一种。直到亚历克斯·克利泽夫斯基（Alex Krizhevsky）2012 年在加利福尼亚州塔霍湖举行的神经信息处理系统（Neural Information Processing System）大会上做了一场为时四分钟的报告，研究人员才开始特别注意卷积方法。这个大会每年都会举办一项比赛，内容是让人工智能自动识别图片中的不同物体，亚历克斯也参加了那年的比赛。

对于人类来说，完成这项任务易如反掌。这些照片呈现各种各样的场景：一群正在炫耀他们捕到的大鱼的男人、一排豪华的超级跑车、一个挤满人的酒吧和两个正在自拍的女人，以及其他五花八门的生活场景。算法玩家的任务是找到图中的事物，也就是鱼、汽车、酒吧里的人，以及用来自拍的手机。在亚历克斯向参会者介绍他的研究之前，人们认为这个图像识别任务是非常困难的。即使科学家针对这个问题调整了算法，人工智能在执行这项任务时，每四次也至少会有一次出错。

亚历克斯使用卷积神经网络将错误率降低到了六分之一。他并没有把需要分类的物体的大小、形状告诉算法，他只是让它学习。在学习了几百万张图片后，算法已经相当出色了。

其他方法依赖于人来定义物体的重要特征（如边缘、形状和颜色对比），而亚历克斯的卷积方法只需要建立好网络，然后把一切交给网络自己去做。

神经网络研究的新挑战——全局规划

2012 年的比赛只是卷积神经网络大放异彩的开始。亚历克斯当时还是一名博士生，他使用的电脑仅配置了几张游戏显卡。卷积神经网络技术被各界关注后，其他研究人员就立刻开始对其进行改进，并将更强大的计算机应用到这项技术上。第二年的获奖作品已经能够在识别图片中的物体时做到八次才错一次，到 2017 年，其错误率已低于 2%。

谷歌和脸书都开始注意到这一点。他们意识到，卷积神经网络解决了他们业务的核心问题。如果一种算法可以自动识别朋友的脸、我们最喜欢的动物以及我们去过的异国他乡，那么这些公司就可以在进行营销时更好地瞄准我们的兴趣。

亚历克斯和他的博士生导师杰弗里·辛顿（Geoffrey Hinton）随即被谷歌纳入麾下。2013 年，人工智能竞赛冠军之一罗伯·弗格斯（Rob Fergus）加入了脸书。2014 年，谷歌组建了自己的竞赛团队，并火速招募了牛津大学博士生卡伦·西蒙尼扬（Karen Simonyan），西蒙尼扬最后在当年的竞赛中获得了第二名。2015 年，微软公司研究员何恺明和他的同事获得了比赛大奖。次年，何恺明被脸书聘用。神经网络领域顶尖的研究人员一个接一个地火速加盟了微软、谷歌和脸书新成立的人工智能小组。

这些研究人员加入网络巨头的目的不仅仅是识别图像中的物体。亚历克斯的重大研究突破证明了一点：无须告知卷积神经网络要解决什么问题，它就能够通过学习来处理问题。很快，卷积神经网络在手写和语音识别任务上击败了竞争对手。它可以识别视频短片中的动作，并预测接下来会发生什么。

这就是玩雅达利游戏的卷积神经网络比在国际象棋比赛中击败卡斯帕罗夫的算法更令人兴奋的原因。当"深蓝"获胜时，研究人员已经肯定电脑可以在深奥的游戏上打败人类，但他们就此止步。比赛一结束，媒体做完采访，研究人员关掉"深蓝"就回到他们的日常工作中去了。喧嚣过后，一切照旧。

但神经网络的问世带来了截然不同的前景。算法解决了一个又一个问题。苹果在 iPhone X 的人脸识别功能中专门使用神经网络识别手机主人的脸。特斯拉在它的汽车视觉系统中使用神经网络来警告司机可能会出现车祸。随着卷积神经网络在视觉问题上取得进步，循环神经网络在语言问题上也取得了类似的成就。通过使用新的神经网络技术，谷歌大大提高了从英文到中文的翻译质量。

我们尚不清楚利用神经网络来改进算法的潜力到底有多大，但至少最近的研究大大提高了计算机识别物体、声音和句子的能力。这种方法的激动人心之处在于，种种迹象表明我们正在取得更加引人注目的成果。我们是否终于快要发明强人工智能了？

我当然很想回答这个有关强人工智能的大问题，但在这之前，我需要先搞清楚一个小问题。卷积神经网络到底有多出色？亚历克斯·克利泽夫斯基的图像分析论文彻底改变了工业界和学术界，但我想更充分地了解神经网络的局限性。

抛开各种各样的炒作不谈，谷歌已经在自己的研究中找到了很大一部分答案。让我们回过头来看雅达利游戏神经网络。研究人员发现，在测试神经网络的 49 个游戏中，神经网络能够将其中 29 个玩得很好，甚至在大多数游戏中打败职业选手。但这意味着在剩下的 20 个游戏中，人类比神经网络玩得更好，不仅如此，神经网络在一些游戏中的表现跟瞎玩没什么区别。

当我在研究人机游戏竞赛的结果时，其中一款游戏引起了我的注意：《吃豆人女士》（*Ms Pac-Man*）。在这个简单的迷宫游戏中，吃豆人必须吃掉尽可能多的食物，同时又要避免被妖怪抓住。计算机在这个游戏中表现得非常糟糕，得分只能够达到职业玩家得分的 12%。

《吃豆人女士》比《打砖块》和《太空入侵者》更难玩，因为它需要耐心。如果吃豆人女士想要生存下去，那么她就应该小心谨慎，等到某个地方没有妖怪的时候再移动过去。能量丸能让妖怪变蓝后被吃豆人吃掉，但要省着点用。如果吃豆人女士在游戏开始的时候就把能量丸用了，那么她确实能够吃掉妖怪并得到一点分数，但后面的游戏会变得很艰难，因为这些妖怪会复活，然后四对一地追杀她。

卷积神经网络根本无法应对游戏中的这些困难。它们只能对眼前的事物做出反应：射杀外星人、对拳击手拳打脚踢、跳过六边形等。它们没有进行规划的能力，即使这个规划针对的是非常短期的未来。

该算法在所有需要提前做出计划的雅达利游戏中都出师不利，哪怕这些游戏只需要一点点这方面的能力。

这些网络的结构决定了它们善于识别图片中的物体、将声音组合起来构成单词，以及在射击类游戏中判断接下来要怎么玩。但我们不能期望它们精于其他任务，它们自己也不会有这样的期望。当今最先进的人工智能能够看到事物并立即做出反应，但它无法理解自己看到的是什么，也无法制订计划。

我不是唯一一个注意到《吃豆人女士》的人。微软的研究员哈尔姆·范·赛恩（Harm van Seijen）告诉我，在阅读了谷歌的论文后，这个游戏引起了他的注意。神经网络在这个游戏面前束手无策，这让他很惊讶，他想知道《吃豆人女士》与《太空入侵者》有什么不同。

赛恩和他的同事开发了另一种方法。他们发现，最容易克服这个难关的办法是把"吃豆人"的问题分解成更小的部分。他们将游戏的所有组成部分——能量丸、水果和妖怪，都建模成争夺吃豆人注意力的代理，然后训练神经网络来判断这些位于迷宫不同位置的代理对她的牵制程度，这种方法产生了一个非常谨小慎微的吃豆人女士：她过每一关时都需要花费比以前更多的时间，但她从未被妖怪吃掉。他们的算法获得了能够取得的最高分——999 900 分，这个分数意味着吃豆人女士已经通关了。

开发神经网络的研究人员敏锐地意识到了"人对算法干涉过多"的问题。强人工智能项目的长远目标是用尽可能少的人工输入来训练网络。如果我们想让算法展现出动物或人类的智慧的特质，那么这些网络就必须会自学，而不是需要我们告诉它们应该做什么或应该注意什么。

另一方面，这些研究人员热衷于证明其算法可以玩更复杂、更现代的电脑游戏，他们的终极挑战是《星际争霸》(*StarCraft*)。这是一款复杂的即时战略游戏，也是一项具有激烈对抗性的电子竞技项目。谷歌的 DeepMind 团队与游戏出品方暴雪公司一起创建了一个软件环境，帮助研究人员构建算法来学习《星际争霸 II》。这个环境提供的是对游戏进行了抽象，呈现出的形式并不是人类玩家在屏幕上看到的影像，这就使程序可以跳过识别屏幕上的物体这一任务。

在不提供其他信息的情况下，让算法从屏幕上的视图的像素学习现代电脑游戏，哈尔姆对这一设想能否成功表示高度怀疑。他对我说："从零开始学玩《星际争霸》？这是在痴人说梦。"哈尔姆认为，学习《星际争霸》需要程序员提供具体的游戏信息，并使用高度专业化的神经网络。

哈尔姆训练神经网络玩吃豆人的方法介于简单的雅达利游戏的纯神经网络训练方法和《星际争霸》的训练方法之间。与玩《太空入侵者》的神经网络不同，哈尔姆会把吃豆人女士、妖怪和能量丸的位置告诉了他的神经网络。但他不会提前告诉神经网络，能量丸是有益的，妖怪是有害的。反而是神经网络自己学会了如何平衡向妖怪移动的风险和向食物移动的益处，继而学会将这些信息整合在一起。

当我和哈尔姆交谈时，他不断地把话题引回到如何权衡给他的神经网络提供的信息量的多少这个问题上。"我感兴趣的是如何让电脑通过与周边环境互动来进行行为学习，"他告诉我，"我不会向一个代理（比如说吃豆人女士）指定她需要做什么事，我只给她设定她要达到的目标。"对于哈尔姆来说，神经网络研究的根本挑战就在这里，而不是简单地让一台电脑在《吃豆人女士》游戏中获得高分。

"阿尔法狗-零"如何成为顶尖围棋选手？

搞清楚电脑从零开始能够达到什么样的学习水平对于搞清楚我们离创造出强人工智能还有多远至关重要。在和哈尔姆交谈后，我于2017 年 10 月联系了大卫·西尔弗，他领导的 DeepMind 团队正在训练神经网络下围棋。

大卫的团队创造的"阿尔法狗"（AlphaGo）算法在 2017 年 5 月击败了世界第一围棋选手柯洁。DeepMind 团队用世界顶尖棋手的 3 000 万步棋来训练算法，创造出了"阿尔法狗"。"阿尔法狗"随后又通过不断与自己的另一个版本对弈来提高自己的棋艺。最终，算法将三方面的能力集于一身：它是一部有关围棋的百科全书；它是一个能够通过下棋来提高棋艺的神经网络；它是一个可以通过计算找到最优下法的强大机器。这是一项令人印象深刻的工程学壮举，但它到底是一个专业性很高的算法，因为它只能下围棋。

大卫也参与了雅达利游戏项目，所以我认为，在如何平衡设计高专一性的（比如下围棋的算法）和训练算法从零开始学习这个问题上，他会有更深刻的见解。我通过邮件问了他一系列相关问题，但他让我耐心等待，因为"几周后的新论文"就能回答我的问题。

事实证明，我的耐心得到了回报。2017年10月19日，大卫和他的团队在《自然》杂志上发表了一篇关于全新一代"阿尔法狗-零"（AlphaGo Zero）的文章，"阿尔法狗-零"碾压了之前的所有"阿尔法狗"算法。不仅如此，这个算法是在没有人帮助的情况下自学的。大卫和他的同事设计了一个神经网络，让它"左右互搏"、自我对弈，几天后它就成了世界上最出色的围棋选手。

"阿尔法狗-零"留给我的印象远比电脑在国际象棋或扑克比赛中获胜的场面深刻，甚至也比大卫的第一个围棋冠军"阿尔法狗-樊"留给我的印象更深。因为这一次的"阿尔法狗-零"没有规则手册，也没有专门的搜索算法。这台机器通过一局又一局的对弈，一路从新手蜕变为大师，最后变得不可战胜。这是一个完全依靠自学来挑战极复杂游戏的神经网络。

大卫告诉我，尽管谷歌还没有尝试让"阿尔法狗-零"玩《吃豆人女士》，但他认为这个算法没有任何理由玩不了这个游戏。DeepMind的神经网络能够在多大程度上学会从零开始解决不同的问题？对于大卫来说，"阿尔法狗-零"这位新的围棋冠军已经回答了这个问题。他对他的同事强调，"你只需要告诉它游戏规则，（神经网络）就会在错误及新的尝试中学习。"

当我问哈尔姆怎么看待新科围棋冠军时，他告诉我这"绝对令人叹为观止，是一个很显著的进步"，但他不认为这个算法是从零开始学习的。

哈尔姆告诉我，"雅达利游戏的规则对算法来说是未知的，因此它必须学会这些规则。"神经网络要"自下而上"地学会下棋，就必须弄清屏幕如何随动作发生变化。而科学家们已经将这些信息提供给计算机，供"阿尔法狗"使用了。

开发语言处理神经网络的脸书工程师托马斯·米科洛夫并不认为，"阿尔法狗"的成功代表着我们向强人工智能迈出了重要一步。他对我说，如果一个人长期浸淫在解决高度人工化的问题上，比如电脑游戏、围棋、国际象棋等，那么他就有可能对某些和创造人工智能这一终极目标无关的东西持过度乐观的态度。托马斯认为，只有在解决以语言为基础的任务时，通过与人工智能交流并指导它们，我们才能开发出真正的智能。

我回想起了自己的童年。当我第一次玩《吃豆人女士》和《太空入侵者》时，我前后花了不到几分钟时间就明白了怎么玩这两个游戏。控制电视屏幕上的图形对我来说再自然不过了，我的大脑很快就弄清了手柄的活动和屏幕画面之间的关系，并开始不断刷新游戏的得分记录。当12岁的儿子第一次在PlayStation 4上玩暴雪公司出品的《守望先锋》时，我也目睹了同样的场景：他立刻就明白了移动的图形都是什么，也明白了应该如何使用手柄，并开始考虑游戏的策略。

当孩子们学玩电脑游戏时，他们使用的策略与我们在神经网络中使用的策略大不相同。当他们开始接触游戏时，他们就已经对物体之间的互动有所了解，不管这些物体是现实生活中的还是游戏中的。

纽约大学的布兰登·莱克（Brenden Lake）与麻省理工学院和哈

佛大学的同行们一起，对一款名为"寒霜"（Frostbite）的雅达利游戏进行了更深入的研究。他们注意到孩子们可以比神经网络更快地学会玩这个游戏，因为他们很快就领会了游戏的目标和物体移动的方式。孩子们只要花两分钟的时间观看 YouTube 上别人玩游戏的视频，然后自己玩上 15 至 20 分钟，他们的得分就能达到神经网络的水平。

布兰登也提出了一些有趣的思想实验。他指出，他可以根据游戏的不同特点很自如地调整自己的游戏风格，比如，在游戏中钓到尽可能多的鱼，或者在不死的情况下玩尽可能长的时间。但对于神经网络来说，完成这些任务意味着重新从零开始训练。虽然科学家对大脑已经非常了解，但推动算法模拟人类去自发理解新环境对我们来说仍然难于登天。

谷歌、特斯拉、亚马逊、脸书和微软都在为早日做到这一点赛跑。他们在大部分研究工作上选择互相合作：共享代码库，并在各种会议（比如神经信息处理系统大会）上分享最新的进展，比如神经信息处理系统。这些科技巨头进行良性竞争，不断取得突破。一些工程师和数学家相信我们离实现真正的人工智能只有十年左右的时间，另外一些人则认为我们离真正的人工智能还遥遥无期。

我想知道，面对这种激动人心的局面，科技巨头的老板们会做些什么。

第 17 章

"奇点"将至

2016 年，脸书首席执行官马克·扎克伯格（Mark Zuckerberg）为自己设置了一个挑战：打造一个自动管家帮助他整理家务。这个自动管家叫作贾维斯（Jarvis），命名的灵感来自漫画和电影《复仇者联盟》中钢铁侠制造的人工智能机器人。

虚构作品中的贾维斯有着类似人类的智慧，能读懂钢铁侠的想法，并在情感上与钢铁侠心意相通。贾维斯拥有一个庞大的信息数据库以及理解概念和进行逻辑推理的能力，并且能够将这两者完美结合。马克不需要他的管家助手来帮助他拯救世界，但他确实想看看他能用脸书的算法库创造出一个多么智能的家庭助手。

谷歌的野心则远不只是私人管家。在围棋和《太空入侵者》游戏中获胜的 DeepMind 团队帮助谷歌提高了服务器的能源使用效率，并为公司的电子个人助理撰写更具真实感的演讲稿。

另一个应用领域是 DeepMind 健康，这是谷歌的伦敦总部的员工在我拜访他们时向我透露的一个项目，目的是分析英国国民保健署是如何收集和管理患者数据的，以便对其工作进行改进和优化。

DeepMind 的首席执行官戴米斯·哈萨比斯（Demis Hassabis）有一天谈到，他的团队正在撰写一篇"高质量的科学论文，第一作者是人工智能"。他们的最终目标是，有朝一日让智能机器来制订解决方案，解决工程师、医生和科学家们苦苦钻研却久攻不下的难题。

从事这些项目的研究人员经常声称，他们正在一点一点地朝着更强的人工智能迈进。他们中的许多人相信，他们正在带领我们踏上一段越来越接近所谓的"奇点"（singularity）的旅程。**奇点假说认为，一旦到达奇点，计算机就能设计出其他智能机器并且系统地进行自我改进，我们的社会将由此发生翻天覆地且永不停息的变化。这些机器甚至可能会认为我们人类是多余的。**

活在《黑客帝国》的模拟现实之中

2017 年 1 月，理论物理学家马克斯·泰格马克（Max Tegmark）在马萨诸塞州波士顿一个专注于应对未来风险的公益机构——生命未来研究所（Future of Life Institute）的会议上主持了一场关于强人工智能的座谈会。

参会者包括九位在该领域最具影响力的人士，包括企业家、特斯拉首席执行官埃隆·马斯克（Elon Musk）、谷歌技术领域的高管雷·库兹韦尔（Ray Kurzweil）、DeepMind 创始人戴米斯·哈萨比斯和哲学家尼克·博斯特罗姆（Nick Bostrom）。博斯特罗姆为我们勾勒出了实现他眼中的"超级智能"的路线图。

对于达到人类智能水平的机器智能是逐步实现还是在一夜之间突然实现，以及它对人类来说是福还是祸，座谈会成员各持己见。但他们都认为强人工智能或多或少是大势所趋，并且指出，强人工智能的出现已经指日可待，我们需要开始考虑应对之策了。

尽管与会成员确信我们离人工智能越来越近，但看着他们侃侃而谈的样子，我的怀疑非但没有减少，反而增加了。在过去一年里，我仔细研究了这些人所使用的算法。就我看到的情况而言，我难以理解他们口中的这种智能从何而来。从他们开发的算法中，我几乎找不到任何蛛丝马迹表明一个达到人类智能水平的人工智能时代即将来临。

在我看来，这个由科技行业的名人组成的小组并没有认真地对待这个问题。他们很享受自己对人工智能做出的各种推测，但推测不是科学，推测纯属娱乐。

我认为，谈论强人工智能何时到来纯属闲来无事的夸夸其谈，因为我们无法证明强人工智能一定会到来。我有时觉得自己都不应该去想这件事。因为如果我去想这件事，那么我也就和那些中年男人一样，成天唠叨不停，唯恐别人不知道自己的想法。但我似乎又忍不住要表达自己的观点，尤其是在我听到斯蒂芬·霍金（Stephen Hawking）声称人工智能"可能意味着人类末日"的时候。

我曾经试图反驳强人工智能的可能性。2013年，我与哥德堡大学教授奥勒·哈格斯特伦（Olle Häggström）就这个话题进行了网上辩论。奥勒相信这种人工智能出现的可能性相当大，我们人类应该为它的到来未雨绸缪，将人工智能进化为超级智能的可能性降到最低点。

但是对于人工智能，我们现在无须杞人忧天。我的理由很简单：它只不过是人类未来要面对的成千上万种不同风险中的一种。我们仍在努力应对全球变暖；此外，在我们现在生活的时代，核战也可能一触即发。而如果我们展望未来的 100 年，那么你将发现一颗巨大的流星可能会击中我们的星球，一团硕大无比的太阳耀斑可能会吞噬地球，一场火山爆发可能会让我们从此多年不见天日，一个严峻的冰河时代可能会将我们逼上绝境。这些都是我们实实在在面临的，需要严阵以待去解决的挑战。

技术还可能会带来许多其他威胁。

想象一下，如果生物学家通过基因工程偶然（或者蓄意）制造了一种超级病毒或致命的菌株，而这种超级病毒或菌株能够感染并慢慢杀死所有哺乳动物，包括我们人类，那么我们该如何应对？

想象一下，如果我们能找到一种方法无限延长人类的寿命，没有人会死亡，那么地球上又是怎样一番景象。很简单，资源将供不应求，冲突将不可避免。

想象一下，如果科学家创造了少量灰色的黏性纳米颗粒，而这些颗粒又发展出了自我繁殖并"吃掉"地球上所有的东西，那么这将给人类带来怎样的风险。

如果我们要像科幻小说中所描绘的那样去对待通用人工智能，那么，当詹姆斯·韦伯空间望远镜（James Webb Space Telescope）开始拍摄更清晰的宇宙照片时，我们就需要考虑应该如何应对可能出现的外星智能生命。如果我们发现恒星正在以一种违反物理定律并且只能用外星智慧来解释的方式运动，我们该怎么办？在《黑客帝国》（The Matrix）中，所有人都生活在电脑模拟中，这一幕在未来可能成真吗？难道我们不应该花更多的时间去研究现实中可能存在的反常现象吗？

如果在强人工智能到来之前，发生了上面所说的任何一件事情，那么它给人类带来的威胁不会比拥有超级智能的电脑带来的威胁更小。具有讽刺意味的是，很多上述这些世界末日的场景都不是我凭空想象出来的，而是奥勒的著述。我是通过我们的讨论以及阅读他的著作《未来科技通史》（Here Be Dragons）才了解到这些的。

然而，我未能说服奥勒。他仍然认为，强人工智能会给人类生存带来重大风险，或者说，至少是一个需要小心控制的风险。

这次，我决定换一种方法，一种不那么带哲学味而且更实用的方法来打消人们的疑虑。我将不遗余力地向读者解释，目前强人工智能的发展正处于什么阶段。在这之后，我将请读者（和奥勒）自己判断人工智能和我们将何去何从。

在与马克斯·泰格马克座谈会类似的另一场讨论中，卷积神经网络的发明者、脸书首席人工智能研究员杨立昆（Yann Le Cun）将其解决图像识别问题的方法比喻成翻山越岭：他们跋山涉水，翻过了一座山，走进了一座山谷，下一座山峰又遥遥在望。杨立昆不清楚还有多少山要爬，但他认为大概还有"50座"。但 DeepMind 的戴米斯·哈萨比斯则估计还有不到"20座"。在哈萨比斯看来，每座山都包含了一系列尚未解决的问题，这些问题都与我们模拟大脑的不同的已知特性的方式有关。

翻山越岭这个比喻带来的问题比它回答的问题更多。仅凭眺望，他们怎么知道下一座山峰是能够被征服的？他们既没有这片未知领域的地图也没有一条明确的路线来告诉他们如何登顶。更糟糕的是，他们怎么知道在翻过其中一座山后会遭遇到一座根本无法攀登的险峰？翻过眼下这座山，你就知道该怎么翻过下一座山了吗？

要理解算法最近的发展，很好的一个方法是思考这些算法目前能够完成哪些任务、不能完成哪些任务以及其中的原因。加州大学伯克利分校电气工程和计算机科学助理教授安卡·德拉干（Anca Dragan）比其他参会人员都更加怀疑人工智能的发展情况。在生命未来研究所的座谈会的问答环节，她以一项看似简单却不太可能在短期内攻克的挑战为例，来说明她的怀疑。她说，如果在未来的几年里，机器人仍然无法清空人类码放在洗碗机中的餐具，她不会感到惊讶。

另一位怀疑论者、艾伦人工智能研究所（Allen Institute for Artificial Intelligence）的首席执行官奥伦·埃齐奥尼（Oren Etzioni）则以语言为例来说明他的看法。他告诉与会人员，电脑"无法可靠地确定'它'这个词在一个句子中的意思。对于那些认为（电脑）即将接管世界的人来说，它 ① 无疑是很打击人的"。

---

① 原文用的是 it，在中文语境下就是"这无疑是很打击人的"意思。

我们知道，奥伦第二句话中的"它"代指他整个第一句话。即使是最好的语言算法，也无法确定他用"它"指的是一个句子、一台电脑、词语"它"本身，还是句子中的其他意思。

关于人工智能无法做到什么，我最喜欢的例子来自足球。在网上你可以找到最近的比赛集锦：两个机器人不停地撞在一起，而球却在它们半米开外的地方纹丝未动；机器人守门员看着球慢悠悠地从它身边滚进球门，却没有做出任何扑球动作；机器人球员一而再、再而三地摔倒在地，因为它们摆腿踢球的动作会使它们摔倒。这些机器人提醒我们，人工智能的发展任重而道远。

2016 年的机器人世界杯比赛结束后，我采访了蒂姆·劳厄（Tim Laue）和凯蒂·延特（Katie Genter），他们分别来自标准机器人组冠军队德国不来梅队和亚军队美国得克萨斯州奥斯汀队。他们告诉我，他们专注于编写让机器人识别球场上的线条、门柱、球和球员的算法。每一种算法都是针对特定任务的：有的算法侦测球的位置和运动，有的算法执行踢球的动作。

这种"自上而下"的方法离用"自下而上"的方法创造出来的人工智能还相去甚远，但机器人要想打败人类对手，我们就必须用"自下而上"的方法创造出的人工智能，因为现在这些"自上而下"的机器人实际上只是在执行一系列识别任务，而不是学习如何踢球。我们距离拥有一个人工智能足球运动员还有很长的一段路要走。

机器学习专家向微生物学习如何决策

如果人工智能还不能胜任人类智慧层面的任务，或许它可以做到和动物不相上下？我们能否先不那么雄心勃勃，试着从创造出一个和狗一样聪明的算法开始呢？

一些人（包括许多本应该更懂行的科学家）在谈及动物时，竟然只是简单地从刺激－反应的角度出发。一个典型的例子是巴甫洛夫实验中的狗：当建立起条件反射后，狗听到铃声就会流口水。任何一个养狗的人都会告诉你，巴甫洛夫的观点太过肤浅了。我也这样认为，一个正常的狗主人会视其宠物为家人和朋友，这不仅仅是一种饱含情感，认为宠物有人性的观点，而且它与当代大多数行为生物学家对家畜的看法不谋而合——家畜有着许多与我们相同的复杂行为。

南安普敦大学的犬类认知研究项目负责人朱利安娜·凯明斯基（Juliane Kaminski）发现，狗可以像小孩子一样学习，在决定是否叼走东西时会看主人的脸色行事，并且会通过我们的身体动作来理解我们的意图。

理解不同情境和学会如何学习是人工智能研究领域中仍然有待解决的问题。除非我们在人工智能模拟人类这一方面取得比现在更重大的进展，否则我们无法模拟狗、猫或其他家畜。

让人工智能模拟狗，这个目标可能定得太高了，所以我们将难度降低几个层次，直接跳到昆虫，具体谈谈模拟蜜蜂吧。伦敦玛丽女王大学的拉尔斯·奇特卡（Lars Chittka）最近的研究增加了我们对蜜蜂认识能力的理解，他的研究发现蜜蜂有着惊人的智力。

在绕着蜂巢飞几圈后，新出生的蜜蜂就能够对它们所处的世界形成一个比较完整的概念，不久之后，它们就开始采集食物。工蜂会学习辨识最好的花的气味和颜色，解决"旅行推销员问题"（Traveling Sales Man problem），在最短时间内找到可获取的食物来源。它们能记住自己在哪里遇到过危险，但有时它们对感知到的危险做出反应之后，却发现是虚惊一场。找到大量食物的蜜蜂变得"乐观"起来，开始低估遭到捕食者攻击的风险。

控制这一切行为的神经网络就隐藏在蜜蜂的脑中，但这个网络的结构与人工卷积神经网络或递归神经网络的结构却截然不同。蜜蜂看起来只需要 4 个输入神经元就能识别物体间的差异，而且似乎缺乏任何内部的图像表征能力。其他更简单的刺激－反应任务可以用少量的逻辑门来建模，但这些任务会影响到脑中大片的区域。

最让人拍案叫绝的是，蜜蜂能学会怎么踢足球！好吧，不是真正的足球，但很像足球。拉尔斯的研究小组曾训练蜜蜂把球顶入一个球门。蜜蜂可以通过各种不同的方式来学习并完成这项任务，包括观察一只塑料模型蜜蜂如何顶球，或者旁观其他真正的蜜蜂如何完成这项任务。它们不需要大量练习就能完成这项任务。滚球并不是蜜蜂生活中经常遇到的事情，所以这项研究表明蜜蜂可以快速学习新的行为，无须反复用试错法来学习。而人工神经网络迄今未能做到这一点。此外，蜜蜂还可以将它们的技能推广到其他领域，以解决像顶球这样的新问题。

我们需要记住一点，那就是强人工智能的问题不在于计算机是否比人类更擅长处理特定的任务。我们已经看到，电脑比人类更会玩国际象棋、围棋和扑克牌，所以我认为机器在这些游戏中打败蜜蜂不会有什么问题。但真正的问题在于，我们能否让电脑具备在很多动物身上观察到的那种"自下而上"的学习能力。到目前为止，蜜蜂能电脑之所不能，它们可以举一反三、触类旁通。

秀丽隐杆线虫（C. elegans）是现存最简单的动物之一。一个完全发育成熟的成年线虫有 959 个细胞，其中大约 300 个细胞是神经元。尽管相对简单，但线虫与我们仍有许多共同的特征，包括行为、社会互动和学习，因此很多科学家将它们作为研究对象。

芝加哥大学的莫妮卡·肖尔茨（Monika Scholz）最近创建了一个模型，用于描述线虫如何使用概率性的推理来决定何时移动。这个模型类似于第 8 章中的内特·希尔弗在民意调查中使用的模型。线虫会对它所处的局部环境进行"调查"，以摸清有多少食物可供食用，然后"判断"自己是留在原地，还是开始寻找新的资源更好。

类似的研究揭示了线虫做出决策的细节，但它们还无法对整个线虫进行建模。另一个名为 OpenWorm 的项目试图彻底弄清楚线虫运动机制的各种特征，但要将这些模型组合在一起并表现出线虫的全部行为，我们还有很多工作要做。目前，我们还不完全了解这 959 个细胞是如何协作的，因此也就无法准确地模拟一种地球上最简单的动物的行为。

因此，让我们暂时别异想天开，先不谈怎样创造出狗、蜜蜂或者线虫水平的智能，更别谈创造出一个足球运动员水平的智能。变形虫的智能怎么样？我们能模拟微生物的智慧吗？多头绒泡菌（Physarum polycephulum）是一种变形虫状的微生物，它通过构建微小的管道网络在身体不同部位之间运输营养物质。

法国图卢兹大学的奥德丽·杜苏图尔（Audrey Dussutour）通过研究发现，多头绒泡菌通常会尽量避开咖啡因，但如果它们被暴露在富含咖啡因的环境中，它们又会适应这种物质。但是如果环境能够让它们选择不接触咖啡因，那么多头绒泡菌又会恢复到回避咖啡因的状态。

其他项研究表明多头绒泡菌可以预测周期性的事件，选择平衡的摄食方式，绕过陷阱，建立起有效地连接不同食物来源的网络。多头绒泡菌可以被认为是一种进行分布式计算的计算机，它会接收来自身体不同部位的信号，并根据之前的经验做出决定。它是在没有脑或神经系统的情况下做到这一切的！

在不久的将来，我们也许有可能建立一个多绒泡菌的全面的数学模型，但毫无疑问，我们目前还做不到这一点。多绒泡菌的"记忆"和学习可以用一种称为"忆阻器"的电子元件来模拟。忆阻器由电容和电阻组成，可以提供一种灵活的记忆。但我们目前仍不清楚如何将多个忆阻器连接起来，从而模拟出多头绒泡菌应对问题的方式。

从生物复杂性来看，比多头绒泡菌更简单的就是细菌了。大肠杆菌是生活在我们肠道中的一类细菌。虽然大多数大肠杆菌菌株对人体是无害甚至是有益的，但也有少数菌株会导致食物中毒。

大肠杆菌和其他细菌游走于我们的体内，它们吸收糖分，"决定"

如何生长和何时分裂，且适应能力很强。当你喝牛奶时，大肠杆菌内负责乳糖吸收的基因就会被激活，但是如果你接着吃了一块巧克力，那么负责处理葡萄糖的基因就会抑制负责吸收乳糖的基因，因为大肠杆菌"更喜欢"葡萄糖。

大肠杆菌的移动方式是在直行和急转弯间不停地切换，它们会沿着一个方向移动，然后"选择"突然转向并持续移动。它们会根据自己所处环境的情况来调整转弯的频率。大肠杆菌的每一个不同"目标"——获取资源、移动和分裂——都是通过开启一部分基因并关闭另一些基因来实现的。

大肠杆菌为了获取资源而权衡不同目标是否听起来似曾相识？当然是。吃豆人女士其实就是一种细菌。这两种东西，一种是真实的，一种是人工的，但要完成的任务却如出一辙。为了适应环境，它们都必须对各种不同来源的输入信号做出反应：大肠杆菌要控制资源的摄入，对危险做出反应，并绕过障碍物；吃豆人女士的神经元要对妖怪、能量丸和迷宫的结构做出反应。细菌的宿主并不完全相同，就像吃豆人的迷宫各不相同一样，但它们使用的算法足够灵活，能够应对各种环境的挑战。

我终于找到了与目前最高水平的人工智能的智力最为接近的生物——大肠杆菌，一种胃肠道中的细菌。

我将细菌和脑进行的类比遭到了一些反对，其中一种观点认为我们无法模拟线虫和多绒泡菌的原因是我们不知道这些生物的行为目标是什么。与我交谈过的一些神经网络研究人员辩称，我们目前并不知道线虫的目标函数是什么。在训练一个神经网络时,我们需要告诉它应该产生什么样的模式,这种模式就是目标函数。而且从理论上说,如果我们知道这个模式,我们就应该能够复制出这个模式。这种说法不无道理——生物学家目前不管是对线虫还是对多头绒泡菌都没有一个完整的认识,因此我们的人工智能还无法模拟它们。

然而,"我们不知道目标函数"的借口本质上回避了真正的问题。生物学家在智能方面的实验工作更多揭示的是大脑是如何工作的,也就是不同神经元之间的连接以及大脑不同区域的功能,但并没有揭示出一种模式,以解释大脑中为什么会形成特定目标。

如果神经科学家要与人工智能专家合作来创造智能机器,那么这种合作不能仅仅依赖于生物学家去发现动物的目标函数,然后将其告诉机器学习专家。人工智能的发展需要人们对大脑有一个深刻的认识,需要生物学家和计算机科学家共同努力。

如何在计算机中重现蠕虫和蜜蜂的智能?

在我看来,对人工智能的测试应该以阿兰·图灵(Alan Turing)在他著名的"模仿游戏"(imitation game)中首次提出的测试为基础。如果电脑能通过一系列的问答,让人认为它实际上就是人,那么它就通过了图灵测试(即模仿游戏)。这是一个难度很大的测试,而且我们距离这个目标的实现还很遥远,但是我们可以从图灵测试退一步,先完成一系列简单测试。

图灵在 1950 年发表了一篇文章，其中一节很少被人提及。在这一节中，图灵提出，算法在模拟成人之前应该先模拟儿童：当我们相信电脑是一个孩子的时候，我们就可以认为自己创造的人工智能"通过"了一个迷你版的图灵测试。而我的看法是，我们应该充分利用地球上种类多样的生物来进行一系列难度各异的测试。

我们能在计算机模型中重现多头绒泡菌、蠕虫和蜜蜂的智能吗？如果我们能够模拟出它们在环境中移动时的行为以及它们与同类间的互动，那么我们就可以宣称创造出了与它们具有同等智力水平的模型。可是在我们创造出这些模型之前，我们的言论应该保持谨慎，不能言过其实。基于目前的证据，我们正在模拟的人工智能的智力水平与单个细菌并无二致。

人工智能的智力水平甚至可能还不如单个细菌的水平。在解释他的吃豆人女士算法时，哈尔姆·范·赛恩用词一直非常谨慎，在他看来，他的算法并非从零开始构建的。他帮助了算法，告诉它要留意妖怪和能量丸。相比之下，细菌对环境中的有利及有害因素的认识则是"自下而上"通过进化建立起来的。

哈尔姆告诉我："很多人在谈论人工智能时都过于乐观了，他们低估了构建系统的难度。"根据他开发吃豆人女士算法和其他机器学习系统的经验，他觉得我们的能力还远不足以创造通用形式的人工智能。

即使我们能创造出细菌水平的人工智能，哈尔姆仍然怀疑我们还能往前走多远。他说："人类非常善于利用我们在做一项任务时所学到的知识来完成另一项相关的任务，而目前我们最先进的算法在这方面却表现得一塌糊涂。"

微软的哈尔姆和脸书的托马斯·米卡洛夫也都认为，赋予神经网络过多溢美之词并不是件好事。

哈尔姆目前所在公司的创始人似乎也与他所见略同。2017 年 9 月，比尔·盖茨在接受《华尔街日报》采访时表示，我们不必过分恐慌人工智能。他说他不同意埃隆·马斯克的说法，后者认为人工智能的潜在问题已迫在眉睫。

如果我们目前模拟的人工"智能"与一个胃肠道中的细菌相差无几，那么为什么埃隆·马斯克在面对人工智能时如临大敌？为什么斯蒂芬·霍金对他的语音软件的预测能力如此忧心忡忡？是什么让马克斯·泰格马克和他的伙伴们坐成一排，异口同声地宣称他们相信超级智能很快会到来？他们都是聪明人，是什么蒙蔽了他们的判断？

我认为这里面存在多重因素。其中一个因素是商业性的。对人工智能稍作包装，进行一点炒作，不会给 DeepMind 带来多少损失。当谷歌收购 DeepMind 时，戴米斯·哈萨比斯曾强调 DeepMind 应该"解决关于智能的问题"，不过如今他已经在有意淡化这一点了。

在最近的一些采访中，他更多的是在强调他的公司更注重解决数学优化问题。关于"阿尔法狗"的研究表明，DeepMind 在新药研发和电网能源优化等方面处于领先地位，这些问题需要大量计算才能从许多可行的备选方案中找到最佳方案。如果没有一点早期的炒作，DeepMind 可能无法获得解决其中某些重要问题的资源。

埃隆·马斯克却还在继续他的高谈阔论。他似乎在费尽心机地在不断吹捧人工智能，以帮助自己推动许多雄心勃勃的项目，包括自动驾驶汽车。只有当"购买最新款特斯拉汽车是迈向美好未来的一步"这个想法被消费者接受之后，马斯克的那些长期项目才有可能取得成功。**很多时候，正是这些看似不着边际的遥远梦想推动着我们去探索未知的世界，开启美好的未来。**

激励 DeepMind 和特斯拉员工的不只是金钱，因为人工智能这项工作本身就能够让研究人员喜不自禁。在世纪之交时，强人工智能的概念几乎销声匿迹，无人提起。直到 2012 年神经网络解决了图像分类问题时，强人工智能才又回到了人们的视野之中。形势至此才开始峰回路转。

如今，算法背后的真相往往比"人工智能"这个词的含义要简单得多，也平淡无奇得多。当我观察那些试图将我们进行分类的算法时，我发现它们或多或少是我们对自己已了解之事的统计学表征；当我研究那些试图影响我们的算法时，我发现它们只是在利用我们行为中某些非常肤浅的层面来决定向我们展示什么样的搜索信息，以及向我们推销什么样的产品。

神经网络已经能够玩一些游戏了，但我们还没找到通往下一座山峰的路。当亚历克斯和我创造了我们自己的语言机器人后，它虽然可以生成几句不错的句子骗到我们，但很快它就将自己的假智能暴露无遗。

打造管家贾维斯的挑战长达一年。一年后，马克·扎克伯格在脸书上发布了一段视频，展示他的成果。在你看这段视频之前，我不得不警告你，贾维斯从头到尾都在奉承扎克伯格。

> 我们首先看到扎克伯格穿着他标志性的灰色 T 恤在卧室里醒来，贾维斯告知他当天都有哪些会议要开，并且汇报说，自从扎克伯格一岁的女儿醒来后，自己就一直在给她上汉语课。
>
> 马克下楼去厨房的时候，贾维斯已经打开烤面包机，因为他已经预料到扎克伯格每天这个时候都要吃几片面包。这时，前门的门铃响了，这是由于面部识别软件在扎克伯格的父母靠近时辨认出了他们的脸。
>
> 一天结束的时候，扎克伯格和他的妻子通过一个语音系统向贾维斯发出了指令，命令他播放一些带有浪漫风格的音乐。

在一篇博客文章中，扎克伯格对贾维斯能做什么和不能做什么直言不讳。事实上，他编写私人管家程序时遇到的挑战与我在分析目前的算法时所面临的挑战相似。他的最终产品是一个大师级的实际应用程序，集我们在本书中所见方法之精华：卷积神经网络进行语音和图像识别；回归模型预测他什么时候想吃几片烤面包或他女儿什么时候想学普通话；"大家也喜欢"算法选择全家想听的音乐等。脸书开发了一个程序库帮助其员工（本例中为马克·扎克伯格）将这些算法转化为应用程序。

当我不再执着于他视频中的老生常谈，更深入地研究他的博客文章时，我意识到扎克伯格是个绝顶聪明的人（我知道我太后知后觉了）。他是一位数据炼金术士。当他的硅谷同行们参加由理论物理学家主持的研讨会，试图显示自己的丰富知识时，马克却开始研究程序接口，以及如何充分利用公司已经开发出的工具。

他得出的结论很有道理："人工智能很快就能够胜任超出大部分人预料的工作——开车、治病、发现行星、阅读新闻。这些都将对世界产生重大影响，但我们仍然没有搞明白真正的智能是什么。"

使用我们在本书中介绍过的算法能够开发出无限可能的产品和服务。这些算法将继续改变我们的家庭、工作和我们的旅行方式，但它们距离强人工智能还有很长一段路。这些技术让我们的烤面包机、家用音响、办公室和汽车拥有了一种类似细菌的智能。这些算法可能将减少和分担我们不得不做的粗活，但它们一点都不像人。

凯瑟琳·理查森（Kathleen Richardson）是莱斯特的德蒙特福特大学的机器人与人工智能伦理及文化教授。她将算法近年来的进展称为"广告智能"，而非大家口中的"人工智能"。她在接受 BBC 国际服务频道的采访时说，过去 10 年取得的进展实际上是大公司变得比以前更擅长收集消费者的数据并向消费者推销商品了。

马克·扎克伯格的管家就是一个很好的例子。扎克伯格收集了一大堆数据，包括他在声田上听的歌、他朋友的面部特征和他自己的日常活动。他把这些数据输入电脑，以便帮助他改善日常生活。

凯瑟琳认为，真正的危险不在于计算机智能的爆炸式发展，而在于我们利用目前所拥有的科技手段去改善少数人的生活，而非去改善多数人的生活。另一方面，我们将主要的资源和精力投入到了为超级富豪们打造私人管家上，而非投入到为所有人谋福祉上。

马克斯·泰格马克和他的朋友们有权利坐下来展望人工智能的未来，但是我们应该实事求是地看待他们的讨论，认清他们对话的本质。这只是一群或多或少具有相同社会经济背景、相似教育背景和工作经验的富人在对科幻小说般的事情高谈阔论而已。当我和奥勒·哈格斯特伦讨论这些问题时，我也陷入了同样的困境，我们都是科学家，戴着科学家的有色眼镜看待问题。

回到现实世界，在未来很长一段时间内，唯一类似人类的智能形式只会是人类自己。我们真正面临的问题是，究竟是用已有的算法来造福广大民众，还是用算法满足少数人的私欲？二者择一，我很清楚自己的选择。

第 18 章

人类如何与算法共存？

聚会上，我站在一小群人旁边。

待会儿应该会发生点儿什么，我在静静地等待。

理解算法才能更好地理解未来

在过去的一年里，几乎每次社交聚会上我都会遇到同样的事。这一年里，我大部分时间都在办公室度过：编写算法、拟合统计模型、撰写研究结果、在 Skype 上采访工程师和科学家。

大家在闲聊，我洗耳恭听。不出所料，有人挑起了关于算法的话题，每次都不尽相同。故事也略有不同，但主题始终如一。"脸书的危险在于它能决定人们看到什么样的内容，"他说，"我读过他们做的一项研究。在这项研究中，他们只给研究对象看负面的帖子，结果这些人变抑郁了。它可以控制我们的情绪，这些负面情绪就像病毒一样四散传播。"

　　我继续不作声，想听听下一个人怎么说。"是的。他们以出售数据牟利。特朗普之所以能赢得美国大选，很可能是因为这家来自牛津还是其他某个地方的公司下载了所有人的个人资料。"一个女的说。

　　"依我看，问题在于他们训练算法来制造假新闻，"另一个人接着说道，"谷歌也是如此。"

　　"我知道，"第一个男人说，"这还只是开始。科学家们估计，20年后将会诞生一台具有人类智能水平的电脑，我们将会变成这种电脑的奴隶。我在埃隆·马斯克的书中读到过。"

　　此时此刻，我终于忍不住爆发了。"首先，"我说，"脸书的研究显示，那些被负面新闻狂轰滥炸的人每个月只倾向于多发一个带负面色彩的词，虽然与那些没有接触太多负面新闻的人相比，这确实存在显著差异，但这种影响实际上微不足道。其次，这家名为'剑桥分析'的公司与特朗普的成功当选毫不相干。他们的首席执行官大肆宣扬自己公司的能耐，但是谁也无法证实确实如此。再次，你们说的没错，受过我们语言训练的电脑的确会发表与性别歧视和种族歧视相关的结论，但那是因为我们社会本身就暗含偏见。大多数谷歌搜索会给你和其他人提供你能想到的最不偏不倚、最准确的搜索结果。但这项服务的最大问题是，众多毫无意义的链接试图让你去亚马逊买更多垃圾商品。最后，神经网络最近的一些进展确实引人关注，但我们能否创造出强人工智能仍然要打一个大大的问号。我们甚至无法让一台电脑学会玩《吃豆人女士》游戏。"

　　所有人都看着我。

我讨厌这样的自己。我讨厌自己变得这么无聊。我读了大量科学文献，为了追求客观和严谨，我专注于每一个细节并警告大家当心一些危言耸听的言论，这煞了一些人的风景。"其实我对埃隆·马斯克也没那么反感。他只是在做好自己的事情。"我接着补充了这么一句，这样我们的谈话才能再次轻松起来，不至过于剑拔弩张。

我知道自己把话题带偏了，我太书生气、太钻牛角尖了。除了细节上有一些小错误之外，和我说话的这些人在真心地关切社会变化。这才是他们谈论脸书、剑桥分析公司和人工智能的原因。

在一年前刚访问完谷歌后，我和他们有相同的感受。我也曾经对数学家和计算机科学家将为我们创造什么样的未来感到惴惴不安。

我现在明白了，算法并非我曾经想象的洪水猛兽。算法没有能够解决我们社会中存在的性别歧视和种族歧视问题固然让人遗憾，但它们也没有让问题雪上加霜。对于我们都需要更加努力去解决的偏见问题，算法直击要害。令人震惊的是，SCL 集团可以创办一家如剑桥分析这样的公司，在没有配套工具或数据的情况下，宣称自己能够针对不同的个性进行定向宣传。这种现象实际上是全球资本驱动的，哪里有利益，哪里就有资本的触角。你要么接受这一点，要么将批评和鞭挞聚焦在这个体系上，而不是这个体系产生的谎言和骗局上。

脸书上假新闻满天飞，推特上键盘侠机器人四处游荡，这些同样让人忧心忡忡。不幸中的万幸是几乎没有人相信它们。网络上取得的成就并不完全是因为个人才华，这种现象也让人担忧，但当我们在网络上失败时，反倒能够聊以自慰。为了在 Tinder 上能够约上女性，你必须英俊潇洒。这的确有些打击人，但长得不好看也要不了你的命，不是吗？

理解算法可以让我们更好地理解未来。如果你理解今天的算法是如何工作的，那么就更容易判断关于未来的预测，哪些是比较现实的，哪些是虚无缥缈的。当我们无法理性地思考算法的影响，忘乎所以地做着科幻大梦时，算法就成了我们面临的最大风险。

在和聚会上的那些人交谈时，我试图对脸书收到的强烈批评做出回应，试图解释人工智能做出的那些预测意味着什么，但我都没有成功。我现在意识到，我探究人工智能的这段旅程改变了我，让人觉得和我交谈一点乐趣都没有。

算法是人类文化遗产的一部分

幸运的是，我结婚了。我妻子为了帮我解围，开始和大家聊起《精灵宝可梦 GO》（*Pokémon Go*）。洛维萨（Lovisa）有时会骑着自行车去公园与一群 25 岁左右的男子会合去捉精灵。现在，她跟大家聊起他们上周捕捉火焰鸟精灵的集体活动：我的妻子、穿着慢跑裤的年轻男性、推着婴儿车的 30 多岁的父母、一群碰巧路过的孩子，以及一对每天都在公园遛弯时捕捉精灵的老年夫妇。

我妻子那天抓到精灵了，他们中的大多数人都抓到了，但是当小精灵跳出精灵球并飞走的时候，其中一个小孩子哭了起来。老年夫妇百般安慰这个小男孩说，他们明天会再试一次。

"你应该算算抓到火焰鸟精灵的概率是如何随着我扔出去的精灵球的数量产生变化的。"洛维萨建议。其他和我站在一起的人点头表示同意，我没想到大家的意见这么统一。为什么大卫非得浪费时间向大家卖弄他对算法的了解，而不是讲讲《精灵宝可梦 GO》这个游戏该怎么玩？

我不认为我应该为《精灵宝可梦 GO》劳神费力。有些事情最好还是不去分析，没有人想知道孩子哭的概率。

相反，我想到的是公园里的那些人，他们互相展示自己的《精灵宝可梦 GO》游戏界面，界面空白区域显示了他们仍然需要捕捉的精灵。正常情况下不可能会见面的人因为《精灵宝可梦 GO》聚到了一起，玩得不亦乐乎。

我想起了我 14 岁半的女儿埃莉斯。前不久，她去见了在"阅后即焚"软件色拉布的聊天群里认识的一个朋友。我和洛维萨一开始很担心——这个网上的"朋友"不会是一个 40 多岁的恋童癖吧？但我们的担心纯属多余。埃莉斯见到的是一个拥有亮蓝色头发的 13 岁正常女孩。今年夏天，她想去拜访住在波兰的另一位网友。他们经常一边在 Skype 上聊天，一边一起写作业。我们又要为是否允许她去波兰思前想后了。

我和儿子亨利刚从纽卡斯尔旅行回来。通过推特，我认识了另一位父亲，瑞安（Ryan），他和我一样训练自己儿子的足球队。我组织了一系列赛事，将安排 32 名 12 岁的瑞典男孩来英国，与瑞安的球队比赛。

瑞安还邀请我到他就职的英国就业和退休保障部（Department of

Work and Pensions）谈一谈我的作品《足球数学》。就业和退休保障部位于伦敦郊区，大楼庄严肃穆，与我一年前演讲过的谷歌伦敦总部有着截然不同的风格。大楼内的一个小型报告厅里挤满了数据科学家，他们对可视化和理解数据的热情不亚于谷歌的同行们。

在我演讲之后，瑞安向我介绍了他和他的团队（工作团队，而非他的足球队）正在做的事情。英国地方议会和他就职的部门都面临着一些类似的挑战，比如当地大型公司倒闭带来的失业问题。瑞安希望能与地方议会建立联系，这样他们就可以互相借鉴彼此的经验教训，应对这些挑战。瑞安使用了尖端的统计学方法，但重点是帮助他在就业和退休保障部的同事以便为当地社区的人们提供帮助。他对我说："我们希望让决策者自己通过数据找到解决方案。"

瑞安认为，我们需要结合算法和人类的智慧来解决我们面临的问题。仅靠算法是行不通的。

我想起了乔安娜·布莱森对我说过的话。我问过她怎么看待算法的兴起，以及她是否认为算法会变得像我们一样聪明。她告诉我，我问错了问题。"算法已经在很多方面超过人类的智力了。"她说。

在几千年的历史长河中，我们创造出了各种各样的数学"人工"智能来解决各类问题：

从早期的巴比伦和埃及的几何，到牛顿和莱布尼茨的微积分，再到允许我们进行更快运算的掌上计算器，最后到现代计算机、万物互联的社会和今日的算法世界。

在数学模型的帮助下，我们变得越来越聪明，反过来我们也在推动模型的不断发展和进步。算法是我们文化遗产的一部分，我们和算法你中有我，我中有你，不分彼此。

我们生活中的这种遗产无处不在，甚至在它最不可能出现的地方也有它的身影，包括英国就业和退休保障部。

我们在线互动的方式伴随着风险。网上有很多阴暗面和乌烟瘴气的氛围，但是算法的合理运用也能够给我们创造众多不可思议的可能性。至少就目前而言，是我们在控制算法，而不是算法在控制我们。我们正在按我们的想法塑造算法。

一个周日的早上，一群盖茨黑德（Gateshead）[1] 的少年和一群乌普萨拉(Uppsala)[2] 的少年在进行足球比赛。那是一个阳光明媚的日子，小伙子们展现了良好的团队意识和公平竞赛的精神，父母们兴高采烈地为场上的孩子们加油。比赛结束后，我们还一起在当地的橄榄球俱乐部看烟火。这美好的一切都要归功于算法建议我和瑞安在推特上互相关注。

我意识到自己走神了，于是又回到了谈话中。话题仍然是脸书。我问大家："你们知道他们的广告推荐针对的人群分类中还有对'吐司感兴趣的人'和'对鸭嘴兽感兴趣的人'吗？"

"我希望给这些人推荐的不是三明治的广告。"站在我旁边的女士说。大家都会心一笑。

我不再觉得那么窘迫了。

---

① 盖茨黑德是一个英国城市。
② 乌普萨拉是一个瑞典城市。

算法及人工智能发展关键节点

1943 年，第一个人工神经元模型提出

神经生理学家沃伦·麦卡洛克（Warren McCulloch）和逻辑学家沃尔特·皮茨（Walter Pitts）合作提出了第一个人工神经元模型，这是对人类大脑神经元工作方式的初步模拟，为后续神经网络的研究奠定了基础。

1950 年，"机器思维"概念和"图灵测试"的提出

阿兰·图灵发表了《计算机器和智能》（*Computing Machinery and Intelligence*）的论文，第一次提出"机器思维"的概念，并提出用"图灵测试"来测量机器的智能程度，这使得机器产生智能的想法开始受到广泛关注，图灵也因此被称为"人工智能之父"。

1956 年，达特茅斯会议召开

在达特茅斯学院举行的会议上，"人工智能"（Artificial Intelligence）这一术语首次被正式提出，标志着人工智能领域的开端。

1957 年，感知机（Perceptron）的发明

弗兰克·罗森布拉特（Frank Rosenblatt）在一台 IBM-704 计算机上模拟实现了一种他发明的叫作"感知机"的神经网络模型。这是早期的人工神经网络，开启了机器学习在分类问题上的应用。

1966 年，聊天机器人伊丽莎（ELIZA）问世，开创人机对话的初步尝试

伊丽莎是历史上第一个真正意义上聊天机器人，虽然它只有有限的对话库且不能真正理解聊天内容，但它的出现引起了轰动，也为后来的智能助手等奠定了基础，可以看作是人机交互的早期探索。

1965 年，"智能爆炸"（intelligence explosion）概念提出

约翰·古德（John Good）首次提出"智能爆炸"（intelligence explosion）的概念，预言了一种自我改进的智能系统可能带来的连锁反应，最终产生远超人类智能的超级智能。这一理论为现代人工智能的发展提供了重要的理论基础和研究方向，并且对分析人工智能风险和未来科技发展具有重要意义。

1974 年至 1980 年，人工智能发展面临技术瓶颈和预期落差，进入第一次低谷

由于当时的计算机性能有限、数据量不足以及算法不够成熟等原因，人工智能的发展遇到困难，研究经费减少，发展陷入停滞。

1980 年至 1987 年，专家系统等推动人工智能应用发展，人工智能迎来第二次发展高潮

这一时期，机器学习和大规模神经网络的训练成为可能，专家系统等技术得到发展和应用，在一些特定领域取得了一定成果，如医疗诊断、化学分析等，人工智能的应用前景似乎变得更加广阔。

1987 年至 1993 年，商业应用失败与技术局限性凸显，人工智能发展再次进入低谷

专家系统等在实际应用中暴露出一些问题，如维护成本高、适应性差等，同时计算机硬件的发展速度相对较慢，无法满足人工智能对计算能力的需求，导致人工智能的发展再度受挫。

1997 年，"深蓝"计算机战胜国际象棋世界冠军卡斯帕罗夫

"深蓝"虽然依靠强大的计算能力（每秒可预判 12 步棋）和暴力搜索算法战胜了人类冠军，但它并不具备自主学习功能。这一事件引起了全球的广泛关注，让人们看到了计算机在处理复杂任务上的巨大

潜力，也为人工智能的后续发展提供了新的思路和方向，即如何在提高计算能力的同时，探索更智能的算法和学习机制。

2006 年，"深度学习"（ Deep Learning ）概念提出

随着人工神经网络的不断发展，"深度学习"概念的提出为人工智能开启了新的篇章，强调通过构建具有多隐藏层的神经网络模型来学习数据中的复杂特征和模式，使得人工智能在语音、图像等领域取得了突破性的进展，引领了人工智能领域的又一轮研究热潮。

2012 年，深度学习在图像识别上的突破

AlexNet 在图像识别比赛中表现出色，它创新性地将深度神经网络设计成两部分，以便在多个 GPU 上进行训练，大幅提高了图像识别的准确率，为后续深度神经网络的发展和广泛应用奠定了基础，激发了更多关于神经网络结构优化和性能提升的研究。

2016 年，DeepMind 公司的"阿尔法狗"（ AlphaGo ）击败围棋世界冠军李世石

"阿尔法狗"使用了深度学习和强化学习技术，包括卷积神经网络和蒙特卡罗树搜索算法，克服了围棋的高复杂性和巨大搜索空间的挑战，击败了人类围棋冠军。它的胜利表明人工智能在处理具有高度不确定性和复杂策略的任务方面取得了重大突破，也让人们更加关注

深度学习和强化学习等技术在复杂决策领域的应用。

2017 **年，**Google Brain **团队发布** Transformer **模型**

Transformer 模型是一种基于注意力机制的深度学习模型，在自然语言处理任务中取得了显著的成功，其架构弥补了之前循环神经网络在处理长距离依赖性时的不足，对序列到序列任务、机器翻译和其他自然语言处理任务产生了深远的影响，也为后来大规模预训练模型的发展奠定了基础。

2018 **年，生成对抗网络（**GANs**）的发明**

GANs 是一种连接主义 AI 技术，由两个神经网络（生成器和判别器）相互竞争学习，能够生成具有高度逼真度的新数据，这一技术对图像生成、风格转换和虚拟现实等领域产生了深远的影响，为人工智能的创造性应用提供了新的思路和方法。

2018 **年，发布** BERT **模型**

BERT 模型使用了深度学习和注意力机制，能够更好地理解语言的上下文关系，极大地提升了机器对自然语言的处理能力，对于搜索引擎、机器翻译和问答系统等应用产生了深远的影响，推动了自然语言处理技术的进一步发展。

2020 年，OpenAI 发布 ChatGPT-3

ChatGPT-3 是当时最大、最先进的通用型语言模型，拥有 1 万亿个参数，它能够生成高质量的自然语言文本，并在多种任务上展现出令人惊讶的性能，引发了各界对大规模预训练模型在各个领域应用潜力的热烈讨论，也促使更多的研究和投入进入到这一领域。

2023 年：OpenAI 发布 ChatGPT-4

ChatGPT-4 在语言处理能力、知识储备、逻辑推理等方面都有了显著提升，能够更准确地理解和生成自然语言文本，处理更复杂的任务和问题，进一步拓宽了人工智能在各个领域的应用范围，如内容创作、客户服务、智能助手等。

以下是历年来我们的读者推荐的各类兼具权威性和阅读趣味性的书籍。

人文新知

《黑洞简史》（*Black Hole*）
玛西亚·芭楚莎（Marcia Bartusiak）

从史瓦西奇点到引力波，霍金痴迷、爱因斯坦拒绝、牛顿错过的伟大发现

《星际旅行》（*A Traveler's Guide to the Stars*）
莱斯·约翰逊（Les Johnson）

世界知名科学家为你生动呈现从"科学幻想"到"科学事实"的可行路径

《未来科技通史》（*Here Be Dragons*）

奥勒·哈格斯特姆（Olle Häggström）

科学将引领我们走向何方？

《谁找到了薛定谔的猫？》（*What is Real*？）

亚当·贝克尔（Adam Becker）

爱玻之争以来，鲜为人知的量子物理学百年探索史

《雨林行者》（*Throwim Way Leg*）

蒂姆·弗兰纳里（Tim Flannery）

树袋鼠、天堂鸟，和我与"食人族"在一起的日子

《格调与文明》（*How to Be a Victorian*）

露丝·古德曼（Ruth Goodman）

维多利亚时代极情尽致的浮世生活

《人类简史》（*Sapiens: A Brief History of Humankind*）

尤瓦尔·赫拉利（Yuval Noah Harari）

从动物到上帝

《石像、神庙与失落的世界》（*Jungle of Stone*）

威廉·卡尔森（William Carlsen）

改写世界文明史的玛雅发现之旅

《未来生命通史》(*Inheritors of the Earth*)

克里斯·托马斯(Chris Thomas)

从智人时代的物种灭绝潮到第 6 次生命起源

《进化的咬痕》(*Evolution's Bite*)

皮特·S. 昂加尔(Peter S.Ungar)

牙齿、饮食与人类起源的故事

《海洋征服者与新航路》(*Columbus: The Four Voyages*)

劳伦斯·贝尔格林(Laurence Bergreen)

哥伦布的四次航行

《丝绸、瓷器与人间天堂》(*Marco Polo: From Venice to Xanadu*)

劳伦斯·贝尔格林

马可·波罗亲历的陆地和海上丝绸之路文明史

《麦哲伦与大航海时代》(*Over the Edge of the World*)

劳伦斯·贝尔格林

寻找黄金、香料与殖民地的环球航行探索史

《物理就是这么酷》(*In Praise of Simple Pyhsics*)

保罗·J. 纳辛（Paul J. Nahin）

　　玩转那些纠结又迷人的物理学问题

《生命大设计》(*Beyond Biocentrism*)

罗伯特·兰札（Robert Lanza）和鲍勃·伯曼（Bob Berman）

　　重新思考人类在宇宙中的位置以及生命的存在与消亡

《基因、病毒与呼吸》(*Breath Taking*)

迈克尔·J. 史蒂芬（Michael J. Stephen）

　　从肺的进化起源到呼吸的治愈力量

《未来黑科技通史》(*Graphene*)

莱斯·约翰逊（Les Johnson）和约瑟夫·米尼（Joseph Meany）

　　即将彻底改变人类世界的"万能新材料"

经济洞察

《国家兴衰》(*The Rise and Fall of Nations*)

鲁奇尔·夏尔马（Ruchir Sharma）

　　10 大核心原则，看准未来全球经济格局与中国前景

《即将到来的地缘战争》(*The Revenge of Geography*)

罗伯特·D. 卡普兰 (Robert D.Kaplan)

无法回避的大国冲突及对地理宿命的抗争

《弗里德曼说，下一个一百年地缘大冲突》(*The Next 100 Years*)

乔治·弗里德曼 (George Friedman)

21 世纪陆权与海权、历史与民族、文明与信仰、气候与资源大变局

《欧洲新燃点》(*Flashpoints*)

乔治·弗里德曼 (George Friedman)

一触即发的地缘战争与危机

《美元陷阱》(*The Dollar Trap*)

埃斯瓦尔·S. 普拉萨德 (Eswar S.Prasad)

美元如何操纵和套牢全球金融体系

《贫穷的本质》(*Poor Economics*)

阿比吉特·班纳吉 (Abhijit V.Banerjee)

我们为什么摆脱不了贫穷

海派阅读
GRAND CHINA

**READING
YOUR LIFE**

人与知识的美好链接

20 年来，中资海派陪伴数百万读者在阅读中收获更好的事业、更多的财富、更美满的生活和更和谐的人际关系，拓展读者的视界，见证读者的成长和进步。

现在，我们可以通过电子书（微信读书、掌阅、今日头条、得到、当当云阅读、Kindle 等平台），有声书（喜马拉雅等平台），视频解读和线上线下读书会等更多方式，满足不同场景的读者体验。

关注微信公众号"**海派阅读**"，随时了解更多更全的图书及活动资讯，获取更多优惠惊喜。你还可以将阅读需求和建议告诉我们，认识更多志同道合的书友。让派酱陪伴读者们一起成长。

微信搜一搜　　Q 海派阅读

了解更多图书资讯，请扫描封底下方二维码，加入"中资书院"。

也可以通过以下方式与我们取得联系：

📖 采购热线：18926056206 / 18926056062　　📞 服务热线：0755-25970306

✉ 投稿请至：szmiss@126.com　　📮 新浪微博：中资海派图书

更 多 精 彩 请 访 问 中 资 海 派 官 网　　(www.hpbook.com.cn ▸)